成田聡子

したたかな寄生

脳と体を乗っ取り巧みに操る生物たち

GS
幻冬舎新書
469

したたかな寄生／目次

はじめに 12

1 自然界に存在するさまざまな共生・寄生関係 15

利己的な遺伝子に操られる生物 19
寄生者が宿主の行動を支配するということ 20
共生と寄生の違い 22
相利共生：お互いに得する関係 23
片利共生：片方だけ得をする関係 26
コラム クマノミがイソギンチャクに刺されない理由 30
片害共生：片方が不利益を被り、もう一方は無害 32
寄生：片方のみが利益を得、もう一方が害を被る 33
全部寄生？ それとも半分だけ寄生？ 34
死物寄生菌と活物寄生菌 36
宿主をマインドコントロールして意のままに操る寄生者たち 38

2 ゴキブリを奴隷化する恐ろしいエメラルドゴキブリバチ 40

ゴキブリを狩るハチ 41
脳の手術でおとなしくさせる 42

ハチの奴隷となるゴキブリ 43
人で実際におこなわれていた感情を奪う脳外科手術 44
奴隷ゴキブリのお散歩 46
ハチの子たちに体を提供するゴキブリ 47
ゴキブリ対策としても利用できる? 48
3 体を食い破られても護衛をするイモムシ 51
ゾンビとして甦らせる秘術があるブードゥー教 52
ブードゥー・ワスプはイモムシの体内に卵を産む 53
ゾンビ化しつつ必死にハチの蛹を守るイモムシ 54
宿主の内部にも外部にも卵にも寄生するハチたち 56
4 テントウムシをゾンビボディーガードにする寄生バチ 58
1個の卵に体を食い荒らされるテントウムシ 59
体を食い荒らされ心を操られるボディーガード 60
ウイルスを使ってテントウムシを操る 62
コラム 飛ばないテントウムシを農薬に 64
5 入水自殺するカマキリ 66
寄生されたカマキリの自殺行動 67

どうやって入水自殺させているのか 68
ハリガネムシがつなぐ森と川 70

6 アリを操りゾンビ行進をさせるキノコ 72

冬は虫に、夏は草に？ 72
生きたままでキノコに養分を吸い取られていく虫 73
高級漢方薬としての冬虫夏草 74
感染からアリをゾンビに 75
脳を乗っ取られたアリの死の行進 76
死ぬ時刻さえ決められているゾンビアリ 77
〝ゾンビアリ菌〟を抑制する菌が見つかる 78
コラム 菌、カビ、キノコの違い 80

7 ウシさん、私を食べて！ と懇願するアリ 82

複雑な生活環を持つディクロコエリウム 82
ウシからカタツムリへの旅 84
増えたらカタツムリからアリへ移動 85
寄生したアリをマインドコントロールする 86

8 あなたがいないと生きられないの！ 蜜依存にさせるアカシアの木 88

アリがいないと生きられないアカシアの木 88
アカシアの蜜しか食べられないような体に改変されるアリたち 90
9 カニの心と体を完全に乗っ取るフクロムシ 93
フクロムシってどんな生き物? 93
カニのハサミの届く腹に寄生 94
宿主のオスをメス化させ産卵マシーンに 95
どうやってカニに侵入するのか 96
フクロムシのオスは毎回捨てられる 97
フクロムシのお味は? 99
コラム カニの甲羅についている黒いつぶつぶ・カニビル 100
10 寄生した魚に自殺的行動をさせる 102
鳥よ、どうか水辺に糞をしてください 102
巻貝から魚(カダヤシ)に移動しなければ 103
寄生された魚(カダヤシ)は落ち着かない 104
最終的に魚の自殺的な行動を誘発する 105
11 エビに群れを作るように操るサナダムシ 107
本能ではない「群れ」を形成するブラインシュリンプ 110

サナダムシが操るブラインシュリンプの群れ 111
サナダムシ以外にも寄生されているブラインシュリンプ 112
微胞子虫にも操られていた 113
コラム 人に感染するサナダムシ 116
12 脚が増えるカエル 119
宿主の脚を奇形にするわけ 120
寄生虫拡散の原因とは 121
13 巣を乗っ取り、騙して奴隷としてこき使う寄生者たち 124
自分では働かないアリ 125
女王1匹で巣を乗っ取り、元の女王に成りすます 126
エサを口移しでもらい、子どもを育てさせる 128
奴隷が足りない！ 奴隷狩りだ！ 129
同じように他の巣を乗っ取るスズメバチ 130
14 自分の子を赤の他人に育てさせるカッコウの騙しのテクニック 134
まずは托卵相手を厳密に選ぶ 135
一瞬の隙をついて卵を紛れ込ませる 136
カッコウの雛は先に孵化し、他の卵を抹殺する 138

エサと愛情を独占 140
托卵する鳥と仮親をする鳥の攻防 142
それでも托卵する理由 144
コラム 托卵する唯一の魚の驚くべき生態 145
15 怒りと暴力性を生み出す寄生者 147
ウイルスは生物か非生物か 147
古代から現代まで世界中で蔓延し続ける狂犬病ウイルス 149
傷口から感染し、脳にウイルスが移動していく 150
脳に達し、宿主の行動を操る 152
宿主を攻撃的にしない狂犬病ウイルス 153
攻撃的でケンカ好きな猫に多い猫エイズウイルス 154
ネズミを攻撃的にさせ、咬むようにさせるソウルウイルス 155
16 操られ病原体を広めていく虫たち 157
マラリア症を引き起こす原虫を運ぶ蚊 158
人の免疫システムを欺くことができるマラリア原虫 159
吸血ハエを操る原虫 161
ペスト菌に操られるノミ 162

17 幼虫をドロドロに溶かすウイルスの戦略 165
バキュロウイルスによる行動操作 165
ウイルスの宿主への行動操作のヒント 167
バキュロウイルスの利用価値 170

18 私たちの腸内の寄生者たち 172
第2の脳と呼ばれる腸ができること 174
腸が人の感情に影響を与える 176
あなただけの腸内の共生細菌 177
腸内細菌の役割分担 178
ストレスと腸内細菌の秘密の関係 179
ヨーグルトで不安が減る？ 181
自閉症の症状を緩和する腸内細菌 183
学習・記憶など脳の発達にも関係する腸内細菌 187
攻撃性を決める腸内の菌 188
性格にまで影響を与える!? 189

19 私たちの脳を乗っ取る寄生虫 192
猫に潜む寄生虫トキソプラズマ 193

寄生虫が宿主の脳を乗っ取る 194
強固なバリアーを持つ宿主の脳をどうやって乗っ取るのか 195
人間が感染すると交通事故に遭いやすくなる!? 198
感染すると性格まで変化する 200
おわりに 202
参考文献 208
本文図版　才 No 0

はじめに

生物学はその名の通り、生物に関する学問の分野です。生物学には「分類学」「進化学」「発生学」「微生物学」「遺伝学」「生態学」「分子生物学」などが含まれます。外部形態などによって生物種を分類する「分類学」以外は近代以降に一気に花開いた分野です。

地球上には、人間の肉眼では確認することができない微生物などが、多種多様に存在していますが、顕微鏡の技術が発達し、小さな細菌や微生物が確認できるようになるまでは、当然のことながら微生物の存在は知られていませんでした。ですから、人類はその長い歴史の中で、常に病原微生物による病に苦しめられてきましたが、その原因となっていた微生物を確認する術（すべ）もなく、感染症は悪魔、魔女、呪いなどのせいであると考えられてきました。

しかし、性能の良い顕微鏡が開発されると、次々に感染症の原因となる細菌や微生物などが発見されていきました。そして、現代になっても毎年のように、微生物以外でも新規の生物種が数多く発見されています。

２０１１年に発表された論文では、最新の地球上の生物種の数を推定しています。その論文では、地球上には総計870万種の生物が生息しているにもかかわらず、そのうちの86パーセントは未発見か、名前がないことがわかったのです。すでに発見され、分類済みの種は全体の15パーセントに届きません。そして、現在の絶滅速度からすれば、多くが記録されずに姿を消してしまうと予測されています。

このように、まだまだ未知の生物たちで溢れかえっている地球上では、生物が、単体で生き抜くことはなく、すべての生物はさまざまな生物と共生し、影響を与えたり、与えられたりしながら生きていきます。生物学における「共生」という言葉は、異種の生物同士が同所的に存在することを意味します。つまり、生物種同士が助け合う関係も、害を与える関係も、何の影響もない関係もすべて「共生」と呼びます。

本書では、それらの共生関係の中でも、小さく弱そうに見える寄生者たちが自分の何倍から何千倍も大きな体を持つ宿主の脳も体も乗っ取り、自己の都合の良いように巧みに操る、恐ろしくも美しい生き様を紹介します。

まるで犬の散歩のようにハチの意のままに付いていくゴキブリ、生きながら自分の体内を食われ続けるイモムシたち、さらに食われた後にも自分の体を食べた憎き寄生者の子どもたちを守ろうとするテントウムシ、泳げるわけもないのに体内の寄生者に操られて入水自殺するカマキリ、本来オスであったにもかかわらずメスに変えられ寄生者の卵を一心不乱に抱くカニ、そして私たち人間でさえ体内に存在する小さな別の生き物に操られているかもしれないという研究例などがあります。生物たちのそれぞれの生きる戦略がせめぎ合う共生の世界にようこそ。

1 自然界に存在するさまざまな共生・寄生関係

天気の良い春の日、鳥がさえずり、太陽はさんさんと輝き、今日に限ってはどうしても太陽の光を浴びたい。いつもは日に当たるのを嫌って日陰にいるけれど、今、この瞬間、日焼けなど気にせず表に出て太陽をもっともっと感じたい。できれば、太陽の近くに行きたい。そうだ、木の上に登ろう。やった！　日当たりの良い場所をやっと見つけた。ここなら、日陰もなく大空が見渡せる。太陽も青空も、全部独り占めだ。あれ？　おかしい、目がちょっと痒い。目に何かが入ったのかもしれない。いや違う、目の中がむずむずする。目の中に何かいるの？　そう思った瞬間、激痛と共に体が宙に浮き、大きなくちばしに今にも裂けんばかりに強く自分の体が咥えられている。そうだ、そもそも、太陽が出ているときは危ないって知っていたのに、だから太陽なんて大嫌いだったのに、それなのになぜ真っ昼間に木になんて登って自分の体をさらしていたのだろう。自分の目の中にいたのはなんだったのか。ダメだ、もう何もわからない。そんなことを考えながら意識は遠のいていく。

これは、寄生者に行動を操られた悲しきカタツムリの話です。カタツムリは天敵である鳥から身を隠すため、通常、昼間は身を潜め、夜にしか行動しません。しかし、カタツムリの体内にいる寄生者によってその行動パターンを真逆に操られていたのです。寄生者が、宿主であるカタツムリにこのような行動をさせたのには理由があります。

このカタツムリの体内でカタツムリを操っていた寄生者はロイコクロリディウム(*Leucochloridium*)です。ロイコクロリディウムは吸虫の一種で、中間宿主と最終宿主を別に持つ寄生者です。つまり、生まれる場所、成長する場所、繁殖して卵を産む場所がすべて異なるのです。ロイコクロリディウムは鳥とカタツムリという全く異なる生物の体内を行ったり来たりすることで、成長し繁殖します。

まず、ロイコクロリディウムの卵がどこにあるかを見ていきます。卵は、鳥の腸の中にあります。そして、鳥の糞に含まれて、地上に落下してきます。地上に落ちた卵が目指すのはカタツムリの体内です。糞の落ちた場所にカタツムリがおらず、カタツムリに食べられない場合、卵の段階で、ロイコクロリディウムは干からびて死んでしまいます。カタツムリのいるような場所に鳥が糞をし、さらにカタツムリがロイコクロリディウムの卵を食べた場合、やっと次の成長段階へ進むことができます。運良くカタツムリに食べられた卵だけが、カタツムリの体内で孵化し、カタツムリの養分を吸収してすくすくと成長していきます。

しかし、やっとの思いで成長できても、すぐに次の難関が待ち受けています。卵を産める場所はカタツムリの体内ではありません。繁殖して卵を産むことができるのは鳥の体内のみです。空から糞と共に降ってきたロイコクロリディウムは、再び空を飛ぶ鳥の体内に戻らなくてはなりません。しかし、今はカタツムリの体内にいます。地上の暗く、じめじめしたところにいるカタツムリから、空を飛ぶ鳥への移動は容易ではありません。しかも、カタツムリは、通常、天敵である鳥に見つからないように、葉の裏など暗いところに隠れ、鳥が活動してエサを探す時間帯である明るい昼間にはほとんど動かないように身を潜めています。鳥から逃げ回っているカタツムリの体内にいる限り、ロイコクロリディウムはこのままカタツムリの体内で息絶えてしまいます。

そこで、ロイコクロリディウムは、自分が寄生するカタツムリが鳥に容易に見つかるようカタツムリの行動を操り始めるのです。

ロイコクロリディウムに寄生され、脳を操られたカタツムリは、なぜか昼間に動き出し、ふらふらと鳥に見つかりやすい木に登っていき、明るく目立つ葉っぱの表面へ移動します。それだけでも、鳥に捕食される確率は上がりますが、寄生者ロイコクロリディウムはさらにあと一工夫加えます。ロイコクロリディウムはカタツムリの触角をまるで鳥の大好物のイモムシのように見せかけるのです。ロイコクロリディウムは体内からカタツムリの触角を目指して移動し、触角に入り込むと、自分の体を縮ませたり伸ばしたりします。このとき、カタツムリの触角は緑、白、黒の鮮やかな縞模様になり、大きく膨らみ、まるでイモムシが葉の上を歩いているように見えます（図1-1）。

こうして、ロイコクロリディウムに寄生されたカタツムリは簡単に鳥に見つかり、食べられてしまいます。そして、カタツムリの体内にいたロイコクロリディウムは、まんまと鳥の体内に移動することができます。鳥の体内に入ったロイコクロリディウムは鳥から栄養をもらいながら、性成熟をして卵を産めるようになります。こうしてロイコクロリディウムは鳥の腸内でおびただしい数の卵を産み、その卵を多く含んだ鳥の糞は地上へ落ちて、またカタツムリに食べられるのを待つというライフサイクルを持ちます。

このロイコクロリディウムという寄生者は、私が高校生の頃に観た「パラサイト・イヴ」という映画の中でおどろおどろしい映像と共に登場しています。その映像はまだ生物学者を目指していなかった私にとってはかなり衝撃的で、あまりの気色の悪さにその日は晩御飯が喉を通らなかった気がします。

この映画は瀬名秀明の『パラサイト・イヴ』（角川書店）というホラー小説をもとに作られたものです。瀬名秀明は、東北大学の薬学部で研究をし、博士号を取得した研究者です。そのため、この小説の中には、ミトコンドリアの共生起源説や分子進化の中立説、リチャード・ドーキンスの利己的遺伝子説など、かなり専門的な生物学的知識がちりばめられています。なかでも利己的遺伝子説は、生物と生物が共生する関係を研究するうえでは重要な理論で、私も大学院生のときに難しいなあと思いながら勉強しました。

利己的な遺伝子に操られる生物

利己的な遺伝子という理論は、ドーキンスの1976年に出版された『利己的な遺伝子(The Selfish Gene)』(紀伊國屋書店)という本で一般的に広く浸透しました。この利己的な遺伝子というのは、私たち個体は自分を構成する遺伝子に操られているのではないかという考

[図1-1] ロイコクロリディウムに寄生され、触角がイモムシのようになったカタツムリ(左)。目立つ場所に移動し、鳥に捕食されやすいように行動を操られる。

え方です。この考え方は進化論を唱えた、かの有名なチャールズ・R・ダーウィンの考えとは真逆です。

ダーウィンは、

「個体が遺伝子よりも優先する。個体は、自己に似た個体を子として産むことを目的とし、そのために遺伝子を利用する」

としていますが、利己的遺伝子説では、

「遺伝子が個体よりも優先する。遺伝子は、自己に似た遺伝子を増やすことを目的とし、そのために個体を利用する」

としています。つまり人間にたとえると、自己を伝える「遺伝子」が、広まりたい複製したいという意思を持っているかのような存在であり、私たち自体はその遺伝子を運ぶための「乗り物」であると考えます。遺伝子は自分のコピーをより多く残すために乗り物（私たちの体）を作り、その乗り物が他の乗り物や環境の中でうまく生き延びられるように操作するのです。

この考え方によって、さまざまな共生関係や進化をうまく説明することができるのです。

寄生者が宿主の行動を支配するということ

ドーキンスによれば、私たちを構成する遺伝子は総称して「遺伝子型」と呼ばれます。さらに、その目標を達成するために作られる体の部位や機能は「表現型」と呼ばれます。そして、すべての遺伝子はそれぞれ寄生者的な側面を持っており、その表現型は私たちの体だけでなく、遺伝子が引き起こす私たちの行動をもつかさどっているとドーキンスは考えました。

ドーキンスはビーバーの作るダムを例にして「延長された表現型」という概念を本の中で説明しています。ビーバーの遺伝子はビーバーの骨や肉、目の色などの体を作る以外にも、水をせき止めてダムを作るという行動や、ダムを作るという行動によって新たに生まれた池も作り出します。これが、ビーバーの遺伝子によって生み出された「延長された表現型」というわけです。

ビーバーがダムを作り池ができると、周囲の水位が上がって、敵に襲われにくくなります。そして、より強いダムを作るような遺伝子が変異によって生まれた場合、その変異遺伝子を持った表現型のビーバーは、さらに生き残る確率が高まり、よりたくさんの子どもを残す可能性があります。そして、何世代か経過すると、そのような変異遺伝子を持ったビーバーは集団の中でどんどんと勢力を拡大していきます。

ちょっとした遺伝子の変異が、その生物の周囲の環境を変える力があると主張したドーキンスは、その典型的な例として他の生物の行動を操作する寄生者の存在を挙げています。

先ほどのカタツムリとそのカタツムリに寄生するロイコクロリディウムを例に取って考えて

みましょう。カタツムリの体を作り木の先端まで登る筋肉を作っているのは、カタツムリの遺伝子です。しかし、普段は隠れているカタツムリを日の光にさらし、鳥に見つかりやすいようカタツムリの行動を支配するのは寄生するロイコクロリディウムの遺伝子であり、これがロイコクロリディウムの「延長された表現型」なのです。宿主の行動を操る力は、寄生者の遺伝子の中に組み込まれています。寄生者の遺伝子の一つが変異すれば、その変化は、宿主の行動にまで影響します。そして、その変異が寄生者にとって有意に働く場合は、その寄生者は繁栄し、その変異を持った個体が広く継がれていくのです。

この「延長された表現型」という考え方は1982年にドーキンスが発表した同題名の本の中で説明され、現在でも広く受け入れられている学説です。

共生と寄生の違い

「共生」という言葉を聞くと、「共生社会」などのような、お互いに助け合う関係という印象を持たれる方も多いと思いますが、生物学における共生（symbiosis）とは、複数種の生物が相互に関係を持ちながら同じ場所に生活する現象全般を指します。つまり、寄生（parasitism）も、共生の一種です。

生物の共生関係の場合、体内に入られた方を「寄主（宿主）（host）」と呼び、入った方を

「寄生者（parasites）」あるいは「共生者（symbiotes）」と呼びます。

また、共生現象のうち利害関係がわかりやすいものにはそれを示す名が与えられています。双方の生物が共生することで利益を得る関係を「相利共生」、片方のみが利益を得る関係を「片利共生」、片方のみが害を被る関係を「片害共生」、片方のみが利益を得て、相手方が害を被る関係を「寄生」と呼んでいます。

共生関係の代表的な例を次に紹介していきます。

相利共生：お互いに得する関係

相利共生とは、双方の生物が共生することで互いに利益を得る場合を指します。

熱帯珊瑚礁に棲む体長12センチほどの小さな魚ホンソメワケベラと大型魚であるクエの共生はよく知られた相利共生の例です（図1-2）。本来、大型魚のクエは小魚をエサとしており、ホンソメワケベラもちょうどよいエサのサイズであることは間違いありません。しかし、この2つの生物は共生関係を結んでおり、大型魚クエはホンソメワケベラを決して襲ったりはしないのです。

ホンソメワケベラは、凄腕の掃除屋として魚たちの間では名の知れた存在です。そのため、クエをはじめとした大型魚はホンソメワケベラを発見すると自ら近づいていって、「今日も、いつものように掃除を頼めるかしら?」と言わんばかりに、ホンソメワケベラが掃除をしやすいように口や鰓(えら)を大きく開け静かに止まります。ホンソメワケベラは、大型魚の周りを泳ぎながら、体表、口の中、鰓の中まで入り込んでいる寄生虫を取り除き、掃除していくのです。大型魚は寄生虫を掃除してもらい、ホンソメワケベラは寄生虫というエサを得ると同時に大型魚に食べられないという利益を得ることができます。寄生虫を掃除してもらいたい魚はたくさんおり、時には掃除の順番待ちの魚で行列ができてしまうこともあります。また、ホンソメワケベラに掃除をしてもらっている魚が気持ちよさそうに恍惚の表情でじっとしている動画もたくさんあります。

また、ヤドカリとイソギンチャクもお互いに得をする共生関係を築いています。ヤドカリは貝殻を背負って身を守っていますが、大きな魚やタコなどに貝殻ごと噛み砕かれ、食べられてしまうこともあります。そのような敵から身を守るため、毒を持ったイソギンチャクをハサミや貝殻につけておくのです(図1-3)。ハサミにイソギンチャクをつけるのは、トゲツノヤドカリで、貝殻にイソギンチャクをつける種類としてはイボアシヤドカリやケスジヤドカリなどが知られています。

では、イソギンチャク側はヤドカリからどんな利益を得ているのでしょうか。ヤドカリは口に入れたエサをよく噛み砕き、細かくして、口から吐き出します。その吐き出したエサは上へと舞い上がり、貝殻の上にいるイソギンチャクのエサとなっているのです。ヤドカリはイソギンチャクの毒で身を守ってもらい、イソギンチャクはヤドカリからエサをもらうのです。ヤドカリは体が成長する度に少し大きめの貝殻を見つけて、それを次の家にしますが、前の小さな貝殻についていたイソギンチャクももちろん一緒に引っ越しをさせます。今まで背負っていた貝殻についているイソギンチャクをていねいにハサミで剥がし、新しい貝殻につけ替えるのです。

陸上生物において、相利共生の有名な例は、アリとアブラムシです。

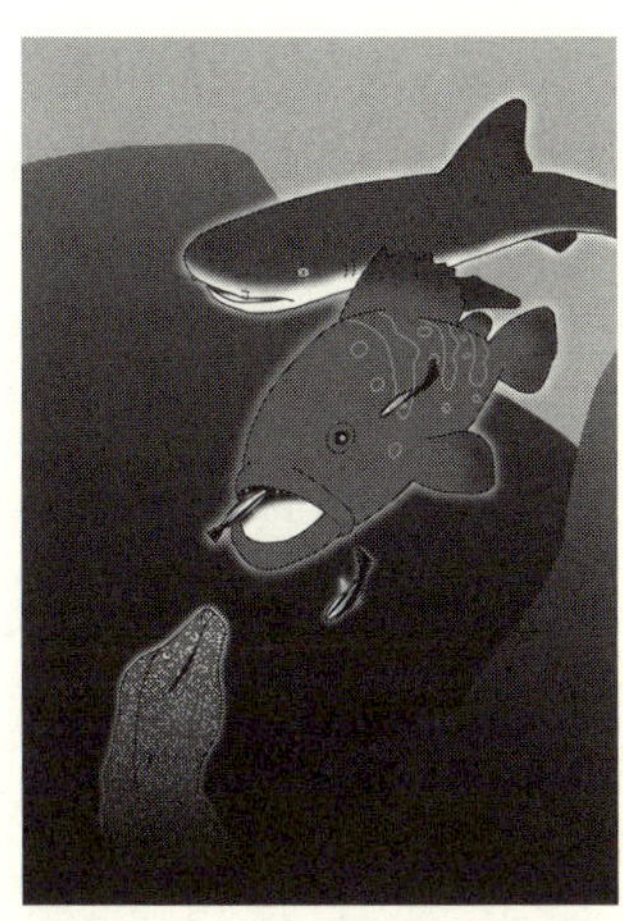

[図1-2] クエ（中央）は普段は小さな魚を食べますが、ホンソメワケベラ（左）は食べない。そして、ホンソメワケベラに掃除をしてもらうときは、このように口や鰓を大きく開けてじっとしている。

[図1-3] イソギンチャクを貝殻につけているヤドカリ（写真：H. Zell, 2010）。

アブラムシは細い口を植物に刺して、植物が光合成で生産した栄養分を吸い「甘露」という甘い汁を作り出すことができます。そして、その一部を尻から出して、アリに与えます。アリはこの「甘い汁」が欲しいためにアブラムシのめんどうを見るのです（図1-4）。アリはアブラムシの天敵を追い払い、アブラムシが食物としている植物が弱ると、他の元気な植物へと引っ越しさせます。さらに、汚れて病気になったりしないように、アブラムシの体を掃除までしてあげるのです。

アブラムシの別名はアリマキですが、漢字では「蟻牧」と書き、アリの牧場という意味からついた名前です。人が牧場でウシを飼うように、アリがアブラムシのめんどうを見て飼っているからです。

片利共生：片方だけ得をする関係

片利共生は、共生の一つで、一方が共生によって利益を得るが、もう一方にとっては利害が発生しない関係のことを指します。

カクレウオ科魚類はナマコや二枚貝などの底生生物の体内に隠れ棲むという、際立った習性を持つことで知られています（図1-5）。カクレウオはナマコの肛門を出入り口として使っています。ナマコは肛門から水を出し入れして呼吸するため、この水の流れに合わせてナマコの中にすっと入り込むのです。そうして、カクレウオは天敵が多い昼間はナマコの排泄腔内でじっとし、息を潜めています。そして、夜になるとナマコの肛門から外に出てきて、小型の甲殻類を捕食するための狩りに出かけていきます。しかし、臆病な性格のため、狩りといってもナマコからあまり遠くへ離れようとはしません。

また、カクレウオの仲間は種類によって好みの宿主を持っています。例えば、シモフリカクレウオはバイカナマコやジャノメナマコが好みで、ナマコ以外にも二枚貝、ウニ、ホヤ、ヒトデなどを宿主とする種類もいます。単独で生活する小さく弱い魚であるカクレウオにとっては、

［図1-4］ アリとアブラムシ。アブラムシの出した甘露をもらうアリ（写真：Jmalik,2009）。

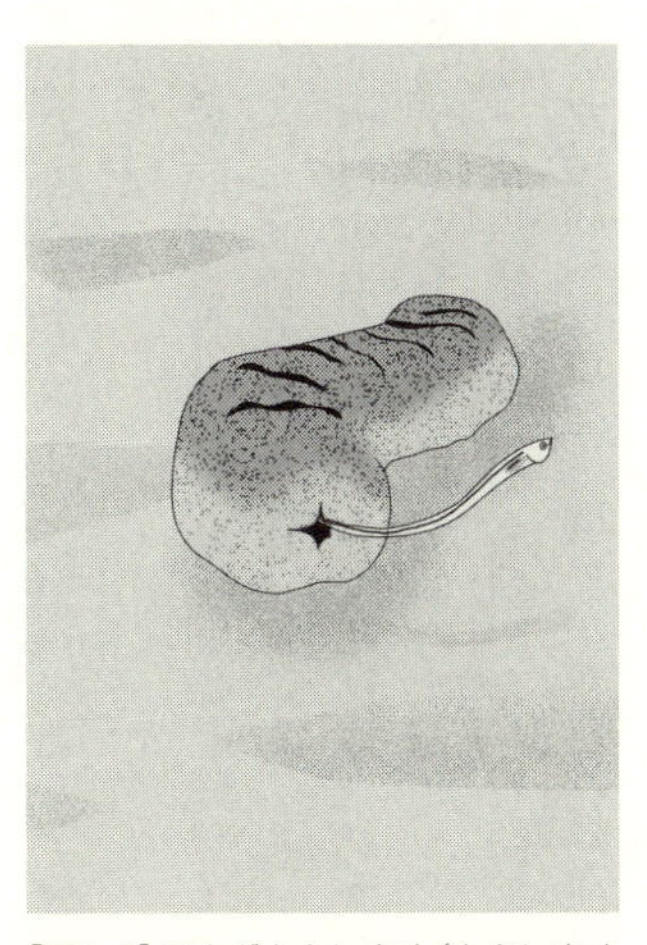

［図1-5］ テナガカクレウオ（カクレウオ属）とナマコ。ナマコの肛門を出入り口にして、ナマコの体内を隠れ家としている。

ナマコは外敵から身を守る安全な隠れ家となりますが、宿主であるナマコにはいっさい利益がありませんので、片利共生関係と言えます。

また、鳥と昆虫という全く異なる種間で意外な片利共生関係を築いている場合もあります。それは、グンタイアリというアリとアリドリやオニキバシリなどの鳥です。アリドリ（図1-6）という鳥はその名の通り、アリの後を追う習性から「蟻鳥」という名前がつけられています。アリといっても、どんな種類のアリでも追うわけではありません。後を追うのはグンタイアリの隊列のみです。グンタイアリ（軍隊蟻）はその名前からも想像できるように、軍隊のように隊列を組んで前進し、目についた獲物には集団で襲いかかる獰猛な習性を持ちます（図1-7）。一般のアリと異なり巣を作らず、多いときには数万の個体が移動すると言われており、地面がアリの「黒いカーペット」のように見え、そのカーペットは数メートルにも及びます。グンタイアリの狩りの対象は行軍途中に発見した昆虫・爬虫類・鳥類などが主ですが、つながれていたり、病気で動けないような場合にはウシや馬などの大型動物も食い殺すことさえあるとても危険なアリです。

このグンタイアリの隊列がジャングルの中を歩くと、グンタイアリから逃れようとさまざまな昆虫や小動物がその場から逃げ去ろうとします。そして、アリから逃げ惑う小動物を狙って捕食するのがアリドリなのです。アリドリはグンタイアリの後をつけることで獲物を容易に見つけることができ、利益を得ますが、グンタイアリにとっては何の利益も害もありません。

また、熱帯の愛らしい魚クマノミと、イソギンチャクの共生関係も有名です（図1-8）。イソギンチャクの触手には、異物に触れると毒針を発射する「刺胞（しほう）」という細胞が無数にあり、これで魚などを麻痺させて捕食しています。ところがクマノミには、イソギンチャクの刺胞は反応しません。なぜクマノミがイソギンチャクの刺胞に刺されないのかは謎でしたが、2015年に高校生を含んだ研究チームがこの謎を明らかにしています（次ページコラム参照）。クマノミはとにもかくにもイソギンチャクと一緒にいても毒針に刺されず余裕で生活できます。

[図1-6] アリドリの一種、シマアリモズ（写真：Wagner Machado Carlos Lemes,2010）。

[図1-7] グンタイアリの一種、サスライアリ属の群れ。大型の昆虫を捕食している（写真：Karmesinkoenig,2006）。

[図1-8] イソギンチャクの中に棲むクマノミ（写真：Jens Petersen,2006）。

このためクマノミは大型イソギンチャクの周囲を棲み家にして外敵から身を守ることができます。一方、イソギンチャクがこの関係からどのような利益を得ているかははっきりせず、この関係は片利共生と見られています。イソギンチャクの触手の間のゴミをクマノミが食べる、またクマノミの食べ残しをイソギンチャクが得る、イソギンチャクの天敵をクマノミが追い払うなどの相利共生関係があるのではないかという予測もあります。

また、クマノミの他にも先ほど説明したヤドカリとイソギンチャクの相利共生関係や、イソギンチャクカクレエビとイソギンチャクの共生関係など、イソギンチャクと共生する生物は数多くあります。

コラム
クマノミがイソギンチャクに刺されない理由

カクレクマノミがイソギンチャクに刺されないのはなぜなのか。その理由の一端を愛媛県の女子高校生二人が解き明かし、2015年の日本学生科学賞で最高賞を受賞しました。

これまで、カクレクマノミは、体表にねばねばした粘液をまとっていることによってイソギンチャクの刺胞から身を守ることが知られていました。しかし、体表粘液中の何によって守られているかについてはわかっていませんでした。

そこで、女子高校生二人はイソギンチャクの触手をさまざまな溶液に浸して顕微鏡で観察し、刺胞射出（毒針の発射）の程度と、射出までの時間を調べました。その結果、海水中のマグネシウム濃度を下げると、刺胞射出が起こることがわかりました。逆に、濃度を上げると、刺胞射出が起こりにくいこともわかったのです。イソギンチャクの毒針の発射にはどうやらマグネシウムの濃度が関係しているらしいということまで突き止めた二人は、次にカクレクマノミを含む3種の魚で、体表粘液中のマグネシウム濃度を調べました。すると予想通り、カクレクマノミの体表粘液は、他の魚類に比べてたくさんのマグネシウムを含んでいることがわかりました。

つまり、カクレクマノミは、体表粘液中のたくさんのマグネシウムによって、イソギンチャクの刺胞から身を守っているということを明らかにすることができたのです。高マグネシウムの粘液を身にまとえば、イソギンチャクに刺されないということから、イソギンチャクに近い種類であるクラゲに刺されないよう予防する高マグネシウムクリームの開発にも役立つのではないかと期待されています。

片害共生：片方が不利益を被り、もう一方は無害

「片害共生」とは、片方だけが害を被り、もう片方にとっては良いことも悪いことも起こらない共生関係のことです。

例えば、肺炎菌とアオカビがこの関係に当てはまります。アオカビが何もせずともペニシリンという抗生物質が生産され、この物質によって近くにいた肺炎菌は大打撃を被ります。つまり、肺炎菌はアオカビから害を被りますが、アオカビは肺炎菌と一緒にいても良い効果も悪い効果もなく、肺炎菌が生きていても死んでしまっても何も変わりません。

また、春になると咲き乱れる美しいサクラとその他の植物との関係も片害共生に該当します。サクラの木の下でお花見をしたことがある方はご存じでしょうが、サクラの木の下にはお花見宴会用のブルーシートを難なく敷けます。雑草が茂りすぎていて草刈りをしてからではないとブルーシートが敷けないという経験をされた方はおそらくいないのではないでしょうか。それは、サクラの持つアレロパシー（他感作用）の効用なのです。アレロパシーとは、ある植物が生産する特殊な物質が他の植物や昆虫、動物に対して及ぼす作用のことを指します。サクラはその葉からクマリンという物質を放出して、他の植物を生えにくくさせているのです。そのため、サクラの木の下に雑草が生い茂ることはありません。この場合、サクラ以外の他の植物はサクラのアレロパシーによって、生きていくことができず、害を被っています。しかし、サク

ラにとっては、雑草が生えようが生えまいがあまり影響はないのです。サクラの他にも、マツ、ソバ、ヨモギ、レモンなど、他の植物の成長を抑える物質（アレロケミカル）を放出したり、動物や微生物を防いだり、あるいは引き寄せたりする効果を持つ植物がたくさん見つかっています。このアレロパシーという効果を持つ植物と他の植物のほとんどは、片方だけが害を被り、もう片方にとっては何も変化がない片害共生関係となります。

寄生：片方のみが利益を得、もう一方が害を被る

寄生とは、ある生物が他の生物から栄養やサービスを一方的に収奪する共生関係を指します。寄生関係にはさまざまな形態があります。

まず、寄生者がどこに寄生しているかによって言葉が異なります。ノミ、ダニ、シラミなどが皮膚（外部）に寄生する場合を「外部寄生」といいます。

また、逆に、寄生者が宿主の腸や内臓などの体内にいる場合は「内部寄生」と呼ばれ、条虫（サナダムシ）、回虫、肺臓ジストマなどがこれにあたります。

そして、マラリア原虫などのように寄生者が宿主の細胞内に入っている場合は「細胞内寄生」と呼ばれます。ただし、どこまでが「外部」でどこまでが「内部」かという点においては、若干の議論があります。

例えば、普通のノミは皮膚の表面から血を吸って生きるため、明らかに外部寄生にあたりますが、スナノミというダニの一種は、人間や動物の、主に足の裏から体内に入り込み卵を産みます（図1-9）。そして、孵化したスナノミは、皮膚に潜り込んで血液を吸いながら成長し、何百匹にも繁殖していくのです。この場合は、外部寄生なのか内部寄生なのか曖昧になります。

全部寄生？　それとも半分だけ寄生？

寄生者が宿主から摂取するものは、その種によってさまざまです。時には労働力を奪い、時には栄養や生殖能力などを一方的に奪います。そして、植物には寄生の種類として、すべてを宿主に依存する全寄生と、一部を宿主に依存する半寄生があります。

ネナシカズラというネナシカズラ属のつる性の植物は全寄生植物（完全寄生植物）の代表格です。植物といえば緑ですが、その緑色を構成するのは植物が「葉緑素」を持っているからです。葉緑素は太陽の光からエネルギーを生産する光合成のために、植物にとっては必須の物質ですが、ネナシカズラの多くの種は自分の葉緑素を持っていません。では、どうやって成長するためのエネルギーを得るかというと、他の植物に巻き付いてその植物が光合成によって作ったエネルギーを頂戴しています。ネナシカズラは葉緑素がないため、緑ではなく黄色、橙色、赤などに着色し、葉も持ちません。ただひたすらにつるを伸ばし寄生して、エネルギーを奪う相手を探し当てていきます。つるが分岐しながら伸びて宿主植物を覆ってしまうほど繁殖力が強いため、その姿は「網」や「太い髪の毛」のように見えたりもします（図1-10）。

ネナシカズラ（根無し葛）は、文字通り根のない葛（つる草類の総称）ですが、元々根がないわけではありません。最初は普通の種子植物と同様に種から根を出し地上に黄色い糸状の茎を出します。ここで、発芽後数日以内に宿主植物にたどり着けないと枯れてしまいます。そのため、生存がかかっているネナシカズラは、必死につるを伸ばし、寄生する植物を探すのです。宿主にできる植物の範囲は広く、同時に複数の宿主に寄生することもあります。そして、無事

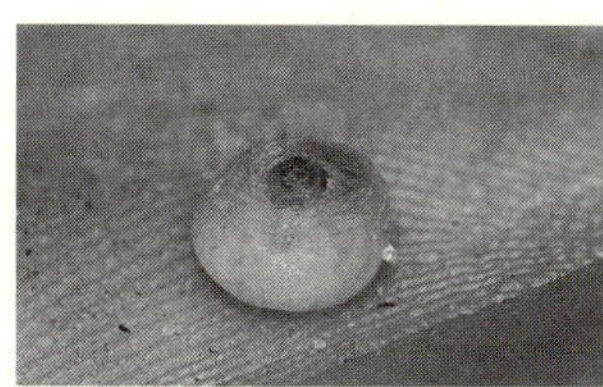

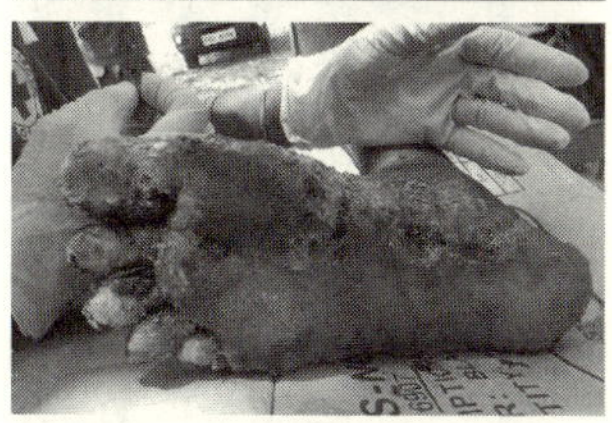

[図1-9] スナノミ（上）（写真：Philipp Weigell,2013）とスナノミ症にかかった患者の足（下）（写真：R.Schuster, 2013）。足の裏から入り込み、産卵し、吸血する。

[図1-10] ネナシカズラの拡大（上）（写真：Aomorikuma,2009）と群生した状態（下）（写真：Bogdan,2005）。

に寄生できる植物に巻き付くと、寄生根を出して宿主の茎の維管束に挿し込み、そこから養分を奪い始め、ネナシカズラの根は枯れ、完全に空中に浮いた状態になります。

一方、ヤドリギ（図1-11）は半寄生植物です。ヤドリギは漢字では「宿り木」と書きます。つまり、木に宿る植物です。というより、木に寄生して、栄養を奪っています。しかし、ヤドリギは自分自身が緑の葉を持ち、光合成もできるため、宿主に完全に依存しているわけではない、という意味で半寄生植物と言われています。ヤドリギと普通の植物のどこが違うかというと、ヤドリギは土壌の代わりに他の木の幹を利用しているのです。ヤドリギの種子が樹皮の上で発芽すると、ヤドリギの根は寄生した木の樹皮に吸着するために吸器（haustorium）という特殊な器官を作ります。そして、ここから不定根が樹皮の下に伸びて木部と結合します。吸器からは宿主の木部細胞の増殖を促す物質が分泌されて、それによって木部との結合を増やしていくことができます。ヤドリギのような半寄生植物は他にも多くあります。ツクバネソウやカナビキソウのような草本性植物もあり、全部で１４００種前後あるとされています。日本におけるヤドリギの宿主樹木にはエノキ・クリ・アカシデ・ヤナギ類・ブナ・ミズナラ・クワ・サクラなどがあります。

死物寄生菌と活物寄生菌

菌類の場合では、死んだ細胞にしか寄生しない「死物寄生菌（腐生菌）」と、生きた細胞にしか寄生しない「活物寄生菌」、両方に寄生できる菌、の3系統があります。

農作物に重篤な病気を引き起こすサビ病菌、うどんこ病菌などはカビの一種です。それらは、植物の生きた細胞にしか寄生することができないため、「活物寄生菌」と呼ばれています。これらの菌は毒素などで宿主組織を部分的に殺して破壊しつつ、その組織から養分吸収をおこなっています。

また、植物や動物などの遺体の有機物を分解して養分を吸収する「死物寄生菌（腐生菌）」

[図1-11] 他の木に寄生するヤドリギ。丸くこんもりとしている部分（写真：OrangeDog,2009）。

には、シイタケやナメコなど人工栽培が可能とされているキノコが含まれています。キノコの場合、死物といっても生きていない木材や落ち葉などの物質から栄養を吸収しています。

本章では生物と生物が同じ場所にいることで、多種多様な共生・寄生関係を築いている例について、ほんの一部をご紹介しました。生物が同じ場所にいて生活をすれば、その種類ごとにさまざまな共生関係が生まれるのです。その組み合わせは無限です。

宿主をマインドコントロールして意のままに操る寄生者たち

ここまで見てきた通り、宿主に取りつく昆虫、原虫、寄生虫、菌類、ウイルスなどすべての生物は、まとめて「寄生者」と呼ばれます。昆虫、魚類、哺乳類に至るまで、驚くほど多くの生物が、実は寄生者に行動を支配されていることが明らかになっています。こうした宿主の行動を操る怪奇的な寄生者は古今東西、多くの人々の興味をそそり、小説や映画などのテーマになることもたびたびあります。

2014年と2015年に2部作で公開された「寄生獣」という映画は、同タイトルの漫画が原作となっています。物語では人間の頭を乗っ取る新種の寄生生物「パラサイト」が現れ、寄生された人間は完全に行動を寄生生物に乗っ取られ、他の人間を捕食していきます。主人公は運よく脳を完全には乗っ取られませんでしたが、寄生生物は右手に寄生してしまいます。つまり、一つの体に2つの考える脳がある状態になり、お互いが生き残るために協力していくという話です。人の脳を乗っ取り操るというとても恐ろしい話に感じますが、庭や、近くの空き地、学校の裏など自然界では、寄生生物による宿主の脳の乗っ取りと行動支配は頻繁に、そして多くの生物間でおこなわれていることなのです。「寄生」というある生物が他の生物から栄養やサービスを一方的に収奪する共生関係の中でも、宿主の意思と関係なく、取りついた宿主を意のままに操り、マインドコントロールする生き物たちの例を、次の章からご紹介したいと思います。

2 ゴキブリを奴隷化する恐ろしいエメラルドゴキブリバチ

最も人気のない昆虫といえばゴキブリではないでしょうか。しかし、ゴキブリは全世界に約4000種、世界に生息するゴキブリの総数は1兆4853億匹とも言われており、日本には236億匹が生息すると推定されています。ゴキブリは3億年以上前からほとんど姿を変えずに存在することから「生きた化石」とも呼ばれ、不潔な場所でも生存可能、雑食性であらゆるものをエサとし、さらには共食いさえおこなって命をつなぎます。

人がゴキブリを嫌う理由として、「てかてかと黒光りした体」「スピードが速すぎる」「走っていたかと思うと急に飛んでくる」などいろいろあるでしょう。

しかし、黒光りした虫といえば、大人気の「カブトムシ」や「クワガタ」だって同じです。ゴキブリの黒光りは柔らかそうで油っぽい光を放っているのがなんとも気持ちが悪いと感じるのかもしれません。そして、逃げ足も驚愕(きょうがく)するほどに素早く、ワモンゴキブリの場合、1秒間に約1・5メートル走ることができます。つまり1秒間に自分の体長の40〜50倍の距離を進むのです。これは、人間に換算すると1秒間に85メートルほどのスピードで動くということです。

人であれば、たぶん、速すぎて足の動きが残像にしか見えないでしょう。そして、ゴキブリのどんな隙間でも通り抜けられるようなあの体。実際どのくらいの隙間を抜けられるかというと、体長が3センチ近くあるあのクロゴキブリでさえ、2ミリの隙間を通過することができます。やはり、知れば知るほど卓越したその能力に敗北感を味わわされ、人はゴキブリを怖がり嫌うのかもしれません。

しかし、そんな世界の嫌われ者のゴキブリを意のままに操り、奴隷のように自分に仕えさせるハチがいるのです。

ゴキブリを狩るハチ

ゴキブリに寄生して、卵を産み付け、生きながら自分の子どもたちのエサにし、ゴキブリを奴隷化することができるのは、エメラルドゴキブリバチ（英名：emerald cockroach wasp、*Ampulex compressa*）です。すでに名前に「ゴキブリ」という言葉が入っているのがぞっとしますが、このハチはメタリック光沢を持ち、脚はオレンジで、まるで金属でできた美しい調度品のようです（図2-1）。あまりに美しいので、英語圏では「ジュエル・ワスプ（宝石バチ）」と呼ばれています。

エメラルドゴキブリバチは主に南アジア、アフリカ、太平洋諸島などの熱帯地域に分布するジガバチ（セナガアナバチの一種）の仲間です。体長は2センチ程度です。

そして、その名の通り、エメラルドのこの美しいハチはゴキブリを狩るのです。しかも、相手にするのは、ワモンゴキブリやイエゴキブリなど自分よりも倍以上体の大きいゴキブリです。しかも、ゴキブリは皆さんもご存じの通り、動きは素早く、飛ぶこともできます。自分の体よりも何倍も大きく、さらに素早い動きが得意なゴキブリを捕まえ奴隷化するために、このエメラルドゴキブリバチは緻密かつ大胆な戦略でゴキブリを操るのです。

脳の手術でおとなしくさせる

エメラルドゴキブリバチは、最初に逃げまどうゴキブリの上から覆いかぶさり、アゴで咬みついて身動きを取れないようにします。そして、素早く麻酔をします。その麻酔もとても精密に狙いを定めておこなっていることが2003年に発表された放射性同位体標識による追跡実験で明らかになりました。エメラルドゴキブリバチがゴキブリの特定の胸部神経節に毒を注入し、前肢（ぜんし）を麻痺させていたことがわかったのです。

これは、より正確に狙ってゴキブリの脳へ毒を送り込む脳手術のための麻酔です。そして、次の施術ではゴキブリの逃避反射を制御する神経細胞を狙ってハチの毒を注入します。

2007年には学術雑誌に論文が掲載され、エメラルドゴキブリバチの毒が神経伝達物質であるオクトパミンの受容体をブロックしていることが明らかとなっています。

ハチの奴隷となるゴキブリ

他の狩りバチの多くは1発の毒で獲物を仮死状態にして巣に持ち帰ります。しかし、エメラルドゴキブリバチの獲物は主にワモンゴキブリで、自分の体より何倍も大きいため、仮死状態になってしまったら、自分の力では巣に持ち帰ることができません。そのために、仮死状態にせず、このような繊細な手術をおこなうのです。脳手術をされたゴキブリは、麻酔から覚める

[図2-1] エメラルドゴキブリバチ（左）とゴキブリ（右）。触角をハチに引かれて自ら歩いていく（写真：JMGM,2016）。

と何事もなかったようにすっくと自分の脚で立ち上がります。元気に生きてはいますが、逃避反射をする細胞に毒を送り込まれているので、もうハチから逃げようと暴れたりはしません。いわゆるハチの言いなりの奴隷になっているのです。ゴキブリは自分の脚で歩くこともできますし、毛繕いなど自分の身の回りの世話をすることもできます。ただし動きが明らかに鈍くなり、自らの意思では動かなくなります。

続いてハチは、動きが鈍くなり、逃げなくなったゴキブリの触角を2本とも半分だけ咬み切ります。この行動はハチが自分の体液を補充するため、もしくはゴキブリに注入した毒の量を調節するためであると考えられています。毒が多すぎるとゴキブリが死んでしまい、また少なすぎてもハチの幼虫が成長する前に逃げられてしまうからです。

脳手術をされたゴキブリは約72時間、遊泳能力や侵害反射が著しく低下しますが、一方で飛翔能力や反転能力は損なわれていないことが研究により明らかとなっています。

この一連の手術とその後の行動は、まさに人間でおこなわれたロボトミー手術のようです。

人で実際におこなわれていた感情を奪う脳外科手術

脳の前頭葉の一部を切除あるいは破壊する「ロボトミー手術」と呼ばれる脳の手術は、1935年にアントニオ・デ・エガス・モーニスという神経学者が考案した療法で、その後、30年近く世界で大流行しました。

興奮しやすい精神病患者や自殺癖のあるうつ病患者にこの脳の手術をおこなうと患者の感情はなくなり完全におとなしくなりました。そのため、絶大な効果があるとされ、実際、この手術の開発の功績によってモーニスはノーベル賞を受けています。ロボトミー手術は簡単にいうと「脳を切り取る手術」のため、頭蓋骨に穴をあけて長いメスで前頭葉を切ったり、眼窩(がんか)からアイスピック状の器具を打ち込み、神経線維の切断をおこなうようなものでした（図2-2）。

しかし、1950年代に入って手術によって知覚や知性、感情といった人間性がなくなって

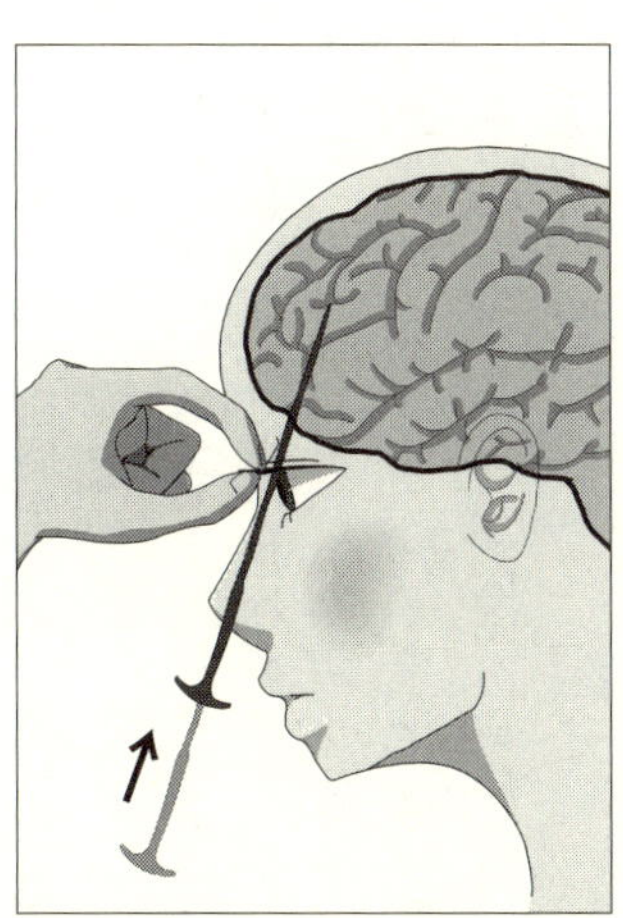

[図2-2] ロボトミー手術。眼窩からアイスピック状の器具を打ち込み、神経線維の切断をおこなっていた。

いるという後遺症が次々と指摘され、1960年代には人権思想の高まりもあってほとんどおこなわれなくなりました。

日本では1942年に初めておこなわれ、第二次世界大戦中及び戦後しばらく、主に統合失調症患者を対象として各地で施行されました。その間に3万から10万以上の人が手術を受けたと言われています。その後1975年に「精神外科を否定する決議」が日本精神神経学会で可決され、それ以降はおこなわれていません。日本では、このロボトミー手術を受けた患者が、同意のないまま手術をおこなった医師の家族を、復讐と称して殺害した事件も起きています（ロボトミー殺人事件）。

奴隷ゴキブリのお散歩

さて、話をハチに戻しましょう。ロボトミー手術のような脳の手術をされたゴキブリは逃げる反射を失い、触角を半分切り取られてハチの奴隷となり下がります。エメラルドゴキブリバチに触角を引っ張られると、まるで犬の散歩のように、自分の足で歩きハチについていきます。そして、ハチの促すままにある場所へと導かれます。それはエメラルドゴキブリバチの母親が、自分の子どものために作っておいた地中の巣穴です。何の抵抗も示さずゴキブリは自分の足で歩いて巣穴の奥深くに到着すると、腹部に長径2ミリほどのエメラルドゴキブリバチの卵を産み付けられます。卵を産み付けられている最中も暴れることもなくおとなしくしています。このハチの卵は、ゴキブリ1匹あたり約12個が産み付けられていきます。

母バチは卵を産み付けると自分は地中の巣からはい出て、巣穴の入り口を砂で覆い、ゴキブリが他の捕食者に狙われないようにして飛び立っていきます。巣穴でハチの卵を産み付けられ、出口を塞がれたゴキブリは、もう二度と日の光を浴びて、自由に野山を歩き回ることはできません。そして、母バチは次の奴隷となるゴキブリを探し、次の産卵のために飛び立っていくのです。しかし、巣穴に残されてまだ生きている奴隷ゴキブリには大切な仕事が残っています。

ハチの子たちに体を提供するゴキブリ

ハチの卵が孵（かえ）るまでのおよそ3日間、ゴキブリは巣穴の中で逃げようともせず、何もせずにぼーっと過ごします。卵を産み付けられて3日後、エメラルドゴキブリバチの幼虫が卵から孵ると、ハチの子どもたちはゴキブリの体に穴をあけ体内に侵入していきます。ゴキブリは生きていますし、そして自由に動き回れる力も残っていますが、何の抵抗も示しません。ただ黙ってハチの幼虫に体を食べられ続けます。

ハチの幼虫たちは、最後までゴキブリを殺すことなく、毎日毎日生きたままの新鮮なゴキブリの内臓を食べ続けます。

内臓を食べられ続けるゴキブリはなんと約8日間も生きたまま、ハチに食されます。そしてその後、エメラルドゴキブリバチの幼虫はゴキブリの体内で蛹になります。こうして、1週間以上もの間、生きたまま食べられ続けたゴキブリは、ハチの子どもたちが蛹になって体を食べなくなると、ひっそりと静かに息を引き取ります。

そして、ハチの幼虫が蛹になって4週間後、成虫となったエメラルドゴキブリバチは、ゴキブリの亡骸を突き破り、美しいエメラルド色の成虫の姿で飛び出してきます。

エメラルドゴキブリバチの成虫の寿命は数ケ月あり、交尾は1分ほどで終わります。そして、ハチのメスがゴキブリに数ダースの卵を産み付けるには、1回の交尾で十分足りるという繁殖効率の良さも兼ね備えています。

ゴキブリ対策としても利用できる?

みんなの嫌われ者、そして衛生害虫としても問題になるゴキブリを、こんなにもスマートな方法で狩ってくれるエメラルドゴキブリバチ。このハチをゴキブリの天敵として導入し、ゴキブリの防除ができないかという試みもおこなわれました。

1941年、ウィリアムズたちの研究グループによって、エメラルドゴキブリバチはゴキブリの生物的防除を目的としてハワイに導入されました。しかし、エメラルドゴキブリバチを大量に放飼しても、このハチは縄張り行動が強く、広い範囲に拡散せず、また1匹あたりの狩猟量が小さいといった問題から成功はしませんでした。

この例では成功しませんでしたが、生物を利用して害となる生物を防除できた例はいくつもあります。このような、生物を利用して病害虫を防除する方法のことを「生物的防除」といいます。この方法では、微生物（細菌、糸状菌、ウイルス）や線虫、天敵昆虫が利用されています。例えば、細菌起源のBT剤、昆虫感染菌を使ったパストーリア・ペネトランス、天敵線虫のスタイナーネマ・カーポカプサエ、天敵昆虫のオンシツツヤコバチなどを利用した方法が挙げられます。また不妊化した昆虫を大量に放して繁殖を抑える方法もあります。

生物的防除のほとんどは、防除対象生物の天敵生物を利用することから、多種類の病害虫、雑草すべてに対応することは難しいという問題があります。さらに、効果がマイルドで、かつ速効性を期待することができない、環境条件に左右されやすく効果が安定しないなどの弱点もあります。

エメラルドゴキブリバチは日本には生息していませんが、近縁の2種類のセナガアナバチ属が生息しています。

セナガアナバチ（サトセナガアナバチ）とミツバセナガアナバチです。日本産の2種はエメラルドゴキブリバチよりもやや小ぶりで、体長は15〜18ミリ程度です。

セナガアナバチは本州の愛知県以南、四国、九州、対馬、種子島に、ミツバセナガアナバチはさらに南方の、奄美大島、石垣島、西表島に生息しています。

この2種はエメラルドゴキブリバチ同様、体色は金属光沢を持ったエメラルド色で、クロゴキブリ、ワモンゴキブリなどを奴隷化し、幼虫のエサとすることが知られています。

3 体を食い破られても護衛をするイモムシ

ゴキブリを奴隷にするエメラルドゴキブリバチに続き、マインドコントロールによる宿主の操作をおこなっているのは、コマユバチです。コマユバチは、ハチ目コマユバチ科に属する体長数ミリの小さな寄生バチです。世界で5000種以上見つかっており、日本には300種以上が分布しています。コマユバチ科のすべての種が他の昆虫に寄生する寄生バチです。なかでもコマユバチの一種でブードゥー・ワスプ（ブードゥー教のハチ）という俗称のある寄生バチ（*Glyptapanteles*）の生態とそのマインドコントロールの巧みさが2008年の科学雑誌に発表されて以来、注目を集めています。

ブードゥー・ワスプの「ブードゥー」はもちろん、ブードゥー教のブードゥーで、ワスプとは狩りバチのことです。ブードゥー教はゾンビを作り出し、マインドコントロールして働かすことで有名ですが、ゾンビを作り出すハチという意味でこの寄生バチにその俗称がついています。

ゾンビとして甦らせる秘術があるブードゥー教

少し話は逸れますが、この寄生バチの俗称の由来となったブードゥー教がかなり興味深いので、簡単にご紹介します。

ブードゥー教は、西アフリカのベナンやカリブ海の島国ハイチやアメリカ南部のニューオーリンズなどを中心に広まっている民間信仰のことです。ブードゥー教では死体をゾンビとして甦らせる秘儀があると言われています。ゾンビは具体的にはどのようにして作られるのでしょうか。ここでは簡潔に説明しますが、詳しく知りたい方は、ハイチを訪れた学者で、ハーバード大学の民族植物学者であり文化人類学の専門家でもあるウェイド・デイヴィスが、『ゾンビ伝説　ハイチのゾンビの謎に挑む』という著書の中で、ブードゥー教とゾンビ伝説の謎に迫っているので、是非読んでみてください。

ゾンビの作り方ですが、まず、ブードゥー教の司祭（ボコール）が、選ばれた人に「不自然な死」を与えます。つまり、本当に死んでしまった人間を甦らせるというよりは、ゾンビにしたい人間を、まず「殺す」ところから始めるのです。

ボコールがゾンビ化させる相手に、呪術用の粉（ゾンビパウダー）を与えます。そして仮死状態になったところでいったん埋葬し、後で掘り出して蘇生を待つのです。ゾンビになった人の多くは、体内からテトロドキシンが発見されたことから、ゾンビパウダーにはフグ科の魚の内臓が含まれていると推測されています。テトロドキシンは神経を麻痺させる毒で、一定量内ならば、医者でも騙されるほどの仮死状態を作り出すことができるといいます。

その後、ゾンビパウダーによる仮死状態から目を覚ましたところで、幻覚作用のあるダツラの葉を与えます。仮死状態から目覚めた人はマインドコントロールしやすい状態になっており、その後さまざまな命令を下されます。

しかし、ボコールたちも、むやみに人をゾンビにしたりはしません。ゾンビ化するのは犯罪者だけだと言われています。ブードゥー教にはいくつかの大事な掟があり、これを破った者は罰を受けなくてはなりません。その罰がゾンビ化です。ゾンビ化した人は奴隷のように働くことで、罪を償うのだといいます。

ブードゥー・ワスプはイモムシの体内に卵を産む

さて、話をブードゥー・ワスプに戻しましょう。ブードゥー・ワスプはシャクガというガの幼虫（イモムシ）の体内に直接卵を産み付けます。1匹のイモムシに産み付ける卵の数は80個程度です。

このような行動は多くの寄生バチがおこなっているありふれた行動です。通常の寄生バチの場合、イモムシの体内で孵化した幼虫たちは生きているイモムシの新鮮な内臓を食べ続け、ハチの幼虫が蛹になる頃には寄生していたイモムシは死亡してしまいます。

しかし、ブードゥー・ワスプの幼虫はイモムシを食べつくすだけでなく、他の用途にも利用するのです。生きたままイモムシの体内を食うのは他の寄生バチと同じですが、蛹になると同時にイモムシを殺したりはせず生かしておきます。ブードゥー・ワスプの幼虫は蛹になるために、イモムシの体を突き破って体内から外側へ次から次へとぞろぞろと出てきます。体の中身をほとんど食べつくされ、そのうえ、体を突き破ってたくさんのブードゥー・ワスプの幼虫が出てきたにもかかわらず、イモムシはまだ生きています。

そして、ブードゥー・ワスプの幼虫たちは、イモムシの体からはい出ると、すぐその近くで蛹になり動かなくなります。

ゾンビ化しつつ必死にハチの蛹を守るイモムシ

ブードゥー・ワスプの幼虫たちがやっと体から出ていったのですから、瀕死の状態であってもできるだけ遠くに逃げようと思いそうなものですが、寄生されていたイモムシは、なぜかその場にとどまり続けます。

80個もの卵を産み付けられ体の中身を食い荒らされ、そのうえ体の表面の皮のあらゆる場所が破られているのですから、さすがにそろそろ死んでしまいそうですが、寄生されたイモムシはどういうわけか死んではいません。その姿がまるでゾンビのようなのです。

そして、寄生されていたイモムシはただ生ける屍（しかばね）になっているのではありません。驚くべきことに、自分の体内を食いつくしたブードゥー・ワスプの蛹を全力で守る行動をし始めるのです。ブードゥー・ワスプの蛹は成虫になるまでは自分では全く移動ができず一番無防備な時期で、さまざまな昆虫に狙われます。しかし、ゾンビのようになったイモムシは、自分のそばにあるブードゥー・ワスプの蛹を狙って昆虫たちが近づいてくると、機敏に反応し体を激しく振って追い払ってくれます（図3-1）。

[図3-1] 寄生バチの蛹を守るシャクガの幼虫（写真：Prof.Jose'Lino-Neto. PloS ONEより）。

このような護衛をする行動は寄生されたイモムシでしか見られません。寄生されていないイモムシは温厚で、他の昆虫が近づいてきても追い払う素振りさえ見せません。寄生され、ブードゥー・ワスプの蛹の近くにいるイモムシだけがこのように攻撃的な素振りを見せます。イモムシは、ブードゥー・ワスプに自分の肉を提供し、さらに蛹から成虫になるまでの間、必死に彼らを守ろうとするのです。そして、ブードゥー・ワスプが成虫になり空に向かって飛び立っていく頃、すべての役目を終え、寄生されていたイモムシは息を引き取ります。

どうやってイモムシの行動を制御しているのか、その詳細はまだわかっていません。しかし、その手がかりとなる事実は少しあります。ブードゥー・ワスプの蛹を守るゾンビ化したイモムシを解剖してみると、その体内からは外に脱出しなかったブードゥー・ワスプの兄弟たちが何匹か見つかるのです。これらのイモムシの体内にとどまった兄弟たちが、何らかの方法でイモムシの行動を制御している可能性があると推測されています。

宿主の内部にも外部にも卵にも寄生するハチたち

ブードゥー・ワスプのように寄生生活を送るハチには数多くの種類が見つかっています。種によって植物に寄生するものと、動物に寄生するものがあり、また、寄生する場所によって「外部寄生」「内部寄生」「卵寄生」に大きく分類されていますので、ここで簡単に説明したいと思います。

・外部寄生

最も簡単な寄生方法です。宿主になる幼虫や蛹の体外に産卵し、孵化した寄生バチの幼虫は体外から食いつき、消化液を注入し、宿主の体内組織をどろどろにして外側から吸い取ります。

・内部寄生

宿主になる幼虫や蛹の体内に産卵し、宿主の体内で生活します。その場合、幼虫が成熟すると宿主の体表に出てくるものと、内部で蛹になるものがあります。

昆虫の体液には白血球に相当する血球が存在しています。寄生バチの卵のような異物が入ってくると、多数の血球が包囲して皮膜を形成し、せっかく産み付けた卵が殺されてしまいます。そのため、宿主昆虫の血球を何とかして押さえ込むことに成功した種が内部寄生をおこなうので、種特異性が強く、別の種類の昆虫に寄生するものはほとんどありません。

・卵寄生

昆虫の卵は幼虫や蛹に比べて血球が未分化なので、比較的簡単に内部寄生することができます。

4 テントウムシをゾンビボディーガードにする寄生バチ

何千という種類が存在する寄生バチのマインドコントロールの犠牲者になるのはゴキブリやガだけではありません。昆虫の中では比較的かわいらしいと評判のテントウムシもその標的になります。

テントウムシ（天道虫）は、コウチュウ目テントウムシ科に分類される昆虫の総称です。ゴキブリが近くにいたら、叫ぶほど嫌いなのに、テントウムシが近くにいても平気という人は多いのではないでしょうか。テントウムシを象(かたど)ったアクセサリーや筆記用具なども店先でよく見かけますし、お祝いの席の結婚式の定番曲として「てんとう虫のサンバ」があるほどです。これが「ゴキブリのサンバ」という曲名だとしたら絶対に受け入れられないことは確実です。それほどテントウムシは昆虫の中では、嫌悪感を抱かれにくいキャラクターなのでしょう。

赤や黄色の鮮やかな体色、真ん丸な体、そして、葉からあまり動かない特性などが怖がられにくい理由かもしれません。テントウムシと一口にいっても、その種類はさまざまでエサとなるものも大きく違います。そのエサとなるものは大きく分けて3つあり、アブラムシやカイガラムシなどを食べる肉食性の種類、うどんこ病菌などを食べる菌食性の種類、ナス科植物などを食べる草食性の種類がいます。肉食性の種は近年では農作物の無農薬化をおこなう際、農薬代わりに使用される生物農薬の一つとして活用されています（64ページのコラム参照）。

あんなに小さく、かわいらしい姿をしたテントウムシですが、ほとんどの敵から身を守る術を持っています。幼虫・成虫とも強い物理刺激を受けると死んだふりをし、危険が迫ると脚の関節から強い異臭と苦味がある有毒な黄色い液体を分泌します。そのため、テントウムシを口にした動物はすぐに吐き出してしまいます。また、赤や黒のきれいな斑点は、実は捕食動物に向けた警戒色のため、鳥などはテントウムシをあまり捕食しません。

1個の卵に体を食い荒らされるテントウムシ

このようにテントウムシはさまざまな防衛手段を持っていますが、実際には、恐ろしい天敵がいます。それは、テントウムシの生きた体に卵を産み付ける寄生バチです。

寄生バチの一種、テントウハラボソコマユバチ（*Dinocampus coccinellae*）は体長わずか3ミリほどの小さなハチです。メスは産卵の準備が整うと、テントウムシの近くに飛んでいって、まず麻酔を打ち、その後、テントウムシの脇腹に卵を1つ産み付けて飛び立っていきます。

ハチの卵が孵ると、ハチの幼虫はテントウムシの体に入り込み、体液を吸って成長していきます。その間、テントウムシの体は少しずつむしばまれていきますが、外見や行動に変化はなく、ひたすらアブラムシを食べ続けています。

テントウムシの体内で体を食べに食べまくって数日後、ハチの幼虫はテントウムシの体からゆっくりとはい出してきます。

出てきたハチの幼虫の大きさは宿主であるテントウムシとほとんど同じで、こんなに大きなハチの幼虫を体内で育てていたテントウムシの体には大きな空洞ができているのではないかと思えるほどです。それでも、宿主となったテントウムシが生き続けられる理由は、寄生バチの幼虫が、生死に直接影響しない脂肪などの組織を重点的に食べているからなのです。

体を食い荒らされ心を操られるボディーガード

テントウムシの体から出てきたテントウハラボソコマユバチの幼虫は早速繭(まゆ)を作ります。テントウムシの脚と脚の間のおなかのすぐ下です。つまりテントウムシは繭を抱くような形になります(図4－1)。このとき、宿主であるテントウムシが死んでいる場合と、生きている場合があります。研究の結果、ハチの幼虫が腹から出てきた後も生きていた宿主のテントウムシの個体数が30～40パーセントに及ぶことがわかっています。

そして、驚くべきことに、寄生バチの幼虫が体内からいなくなった後も、テントウムシは依然としてこのハチに操られています。幼虫がテントウムシの腹部の下で繭を作っている間も、動かずじっとしています。じっとしているだけではありません。自分を食い荒らした寄生バチが蛹となって動けない間、蛹のボディーガードをするように操られてしまうのです。

テントウハラボソコマユバチは、蛹から羽化するまでの間は全く動けず、外敵に狙われやすい状態です。クサカゲロウの幼虫などは、このハチの幼虫が大好物です。しかし、蛹を狙った捕食動物が近づいてくると、テントウムシは脚をばたばた動かして追い払う行動をします。ハチが蛹から成虫になって飛び立っていくまでの約1週間、テントウムシはこのようにしてボデ

［図4-1］テントウハラボソコマユバチに寄生されたテントウムシ。体中を食い荒らされ、ハチの幼虫が体から出てきたところ（上）。自分の体から出てきたハチが蛹になると抱きかかえるようにしてハチを守るテントウムシ（下）（写真：F. Maure. Biology letterより）。

ィーガードをし続けるのです。

そうして、体中を食い荒らされながらも生き続け、意思を奪われ、ボディーガードをしていたテントウムシは、最終的にどうなるのでしょうか。死を迎えて当然だと思われるでしょうが、寄生されたテントウムシの4分の1が回復し、元の生活に戻ります。しかし、せっかくゾンビボディーガードから奇跡の生還を果たしたにもかかわらず、その生還したテントウムシの一部は、再び同じ種類のハチに寄生されてしまうのです。

ウイルスを使ってテントウムシを操る

このテントウムシのボディーガード行動は、寄生バチの幼虫が体から出てからおこなわれます。体内に寄生バチがいる状態であればマインドコントロールされてしまうのも頷けますが、体内に寄生バチがいなくなってからもマインドコントロールは続くのです。

なぜこのような芸当が可能なのか、2015年の論文で、その謎の一部が明らかとなりました。なんと、寄生バチは麻酔物質と一緒に、脳に感染するウイルスをテントウムシに送り込んでいたのです。

研究チームは、ハチに寄生されたテントウムシの脳は、ある未知のRNAウイルスに侵され、脳内がそのウイルスでいっぱいになっていたことを発見しました。そして、寄生されていないテントウムシからはもちろんそのようなウイルスは見つかりません。研究チームはこのイフラウイルスに近縁な新規のＲＮＡウイルスをＤＣＰＶ（*D. coccinellae* paralysis virus）と命名しました。

テントウハラボソコマユバチは、テントウムシに麻酔をして卵を産み付ける際に、同時にこのウイルスをテントウムシの体内に送り込んでいました。そして、ウイルスはテントウムシの体内で複製を繰り返して、数を増やしていきますが、この時点ではまだ脳に広がっておらず無害な状態でいます。そして、寄生バチの幼虫がテントウムシの体内から出るとすぐに、ウイルスがテントウムシの脳内に達して感染し、充満し、テントウムシの脳細胞は破壊されていきます。

しかし、この脳細胞の破壊は、テントウムシ自身の免疫システムによるものだと考えられています。寄生したハチの幼虫がテントウムシの体内で生きている間は、テントウムシ側の免疫遺伝子が抑制されているのですが、ハチの幼虫がテントウムシの体内からはい出てくると、この免疫遺伝子は抑制を解かれ再活性化します。再活性化したテントウムシの免疫システムがウイルスに感染した自分の細胞を攻撃しているのです。

そして、自己の免疫システムによって傷つけられた脳は、新規の寄生バチが寄生する際には、再び麻痺することがわかっています。

コラム

飛ばないテントウムシを農薬に

アブラムシは最も有害な作物害虫の一つです。アブラムシに対していろいろな農薬が開発されていますが、アブラムシはすぐに薬剤抵抗性が発達してしまう性質があるため、農薬の種類を定期的に替えていく必要があります。

そこで、化学的な農薬を使わず、アブラムシを捕食するテントウムシを使ってアブラムシを減らすという生物農薬が検討されました。特にナミテントウにはアブラムシを大量に捕食する性質があり、繁殖力が強いため、アブラムシの天敵として候補に挙がりました。

しかし、テントウムシも羽を持っていますから、アブラムシのついた作物に最初はつけても、どこかへ飛んで逃げてしまい、標的とする作物に定着しませんでした。

そこで、自然界に存在するさまざまな個体の中から、飛翔能力の低いナミテントウを探し出し、それらを何度も交配し、遺伝的に飛ぶことができないナミテントウの系統を作り出そうとしました。そして、30世代、交配と選抜を繰り返し、飛ぶ能力を欠くナミテントウを作り出すことに成功しました。この飛ばないテントウムシは、発育して成虫になった後も作物に定着します。また、その子孫も親と同じく飛ぶ能力がないので、ハウス栽培などの施設で生まれる次世代以降にも防除効果が期待できます。

この「飛ばないテントウムシ」は２０１４年からハウス栽培向けの生物農薬として発売されています。

5　入水自殺するカマキリ

水の中で泳げないはずのコオロギやカマキリ、カマドウマが水に飛び込んでいきます。それは、まるで入水自殺であり、水に飛び込んだ虫は溺れ死ぬか、魚に食べられるか、他に道はありません。これらの入水自殺する昆虫たちも体内にいる寄生虫に操られています。

これらの昆虫の体内にいて宿主をマインドコントロールしているのは「ハリガネムシ」です。ハリガネムシ（針金虫）とは類線形動物門ハリガネムシ綱（線形虫綱）ハリガネムシ目に属する生物の総称です。世界には２０００種以上いると言われており、日本では14種（２０１４年時点）が記載されています。種類によっては体長数センチから1メートルに達し、表面はクチクラで覆われているため、乾燥すると針金のように硬くなることからこの「針金虫」という名前がつきました。実際に動画などを見るとわかりますが、体が硬く、のたうち回るような特徴的な動き方をします。

ハリガネムシは水中でのみ交尾と産卵をおこない、宿主を転々と移動して成長するという生活史を持ちます。

簡単に概要を説明しますと、川で交尾・産卵↓水生昆虫体内↓陸生昆虫体内↓再び川という流れです。

寄生されたカマキリの自殺行動

まずは、水中で交尾をし、産卵します。そして川の中で1、2ケ月かけて卵から孵化し幼生となります。この幼生をカゲロウやユスリカなどの水生昆虫が取り込むのです。水生昆虫の体内に入ったハリガネムシは体の先端についたノコギリで腸管の中を進み、2、3ケ月かけて腹の中で成長し、「シスト」という状態になります。この「シスト」は自分で殻を作って休眠した状態であり、－30℃の冷凍下でも死なないという特性を持ちます。

カゲロウやユスリカは幼虫期に川などの水中で成長しますが、成虫になると羽を持ち陸に飛び立っていきます。そして、このハリガネムシの幼生を体内に持った昆虫を肉食のカマキリ、コオロギ、ゴキブリなどが捕食するのです。こうして、宿主と共に水から陸へ上がってしまいます。しかし、ハリガネムシにとって交尾と産卵ができるのは水中です。せっかく上がった陸から水に戻らなくてはなりません。そのために、本来、陸でしか生活しない宿主昆虫をマインドコントロールして水に向かわせるのです。

ハリガネムシの幼生はカマキリなどの体内で数センチから1メートルに大きく長く成長し、

繁殖できるようになります。しかし、寄生している宿主はカマキリなどの陸の昆虫です。泳げない昆虫は川の水に飛び込んだりは決してしません。そこで、ハリガネムシは宿主の脳を操り、奇妙な行動を起こさせるのです。宿主を水辺に誘導し、入水させるのです。そして、宿主が入水すると、大きく成長し成虫になったハリガネムシがゆっくりと宿主のお尻からにゅるにゅるとはい出てきます。その姿は時に全長30センチを超えます（図5-1）。そして、無事に川に戻ったハリガネムシは交尾をし、また産卵するのです。

どうやって入水自殺させているのか

フランスで、２００２年にコオロギを使って、行動学的な面での研究が発表されています。この研究では、Y字で分岐する道を作り、出口に水を置いてある道と、出口に水がない道の枝分かれを作っておきます。ハリガネムシに寄生されたコオロギを遠くから歩かせると、水のある方にもない方にも行ってしまいます。しかし、水がある方に行ったコオロギは、水を見るや否やほぼ１００パーセント水に飛び込んでしまいます。もちろん、寄生されていないコオロギは水のある出口に出たとしても泳げないため、飛び込んだりはしません。

研究者たちは、出口に置かれた水の反射にコオロギが反応しているのではないかと予測し、水を置かず、光だけに反応するかという実験もおこなっています。その結果、寄生されたコオロギは光に反応してそこに向かっていく行動が見られました。

また、2005年に同じ研究チームが、寄生されているコオロギの脳で発現しているタンパク質を調査しました。ハリガネムシに寄生されている個体、寄生されていない個体、寄生されているけれどもまだ行動操作を受けていない個体、寄生されてお尻からハリガネムシを出した後の個体などの脳内のタンパク質を徹底的に比較しました。

その結果、まさにハリガネムシが体内で成長して行動操作を受けているコオロギの脳内でだけ特別に発現しているタンパク質がいくつか見つかりました。それらの異なるタンパク質は神

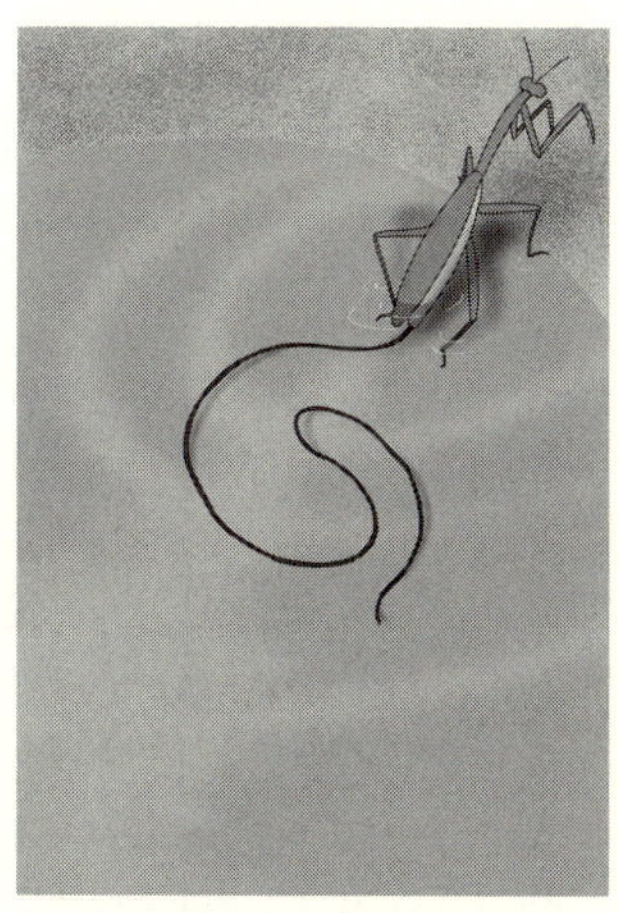

[図5-1] ハリガネムシとカマキリ。カマキリが腹部を水につけると待ち構えていたようにカマキリの体内で成長したハリガネムシがはい出してくる。

経の異常発達に関わったり、場所認識に関わったり、あるいは光応答に関わる日周行動に関係したりするタンパク質と似ているとわかりました。さらに、それらの寄生されたコオロギの脳内にはハリガネムシが作ったと思われるタンパク質も含まれていたのです。

これらの研究から、ハリガネムシは寄生したコオロギの神経発達を混乱させ、異常行動をさせながら、光への反応を変えさせ、水辺に近づいたら飛び込むように操っているのではないかと考えられています。

ハリガネムシがつなぐ森と川

日本では、このハリガネムシが生態系において重要な役割を果たしていることを実証した研究が2011年に発表されました。

研究では川の周りをビニールで覆ってカマドウマが飛び込めないようにした区画と、自然なままの区画を2ケ月間比較しています。また、カマドウマが入る量と、カマドウマ以外の虫が入る量を分けて操作をして実験しました。

なんとその結果、川の渓流魚が得る総エネルギー量の60パーセント程度が、寄生され川に飛び込んでいたカマドウマであることがわかったのです。実際にカマドウマが水に飛び込むのは1年のうちで3ケ月ですが、その時期に渓流魚が得る総エネルギー量の9割以上がカマドウマとなります。そしてその3ケ月間というのは渓流魚が1年のうちで一番たくさんエネルギーを得られる時期で、冬に比べると100倍にもなります。それを踏まえて計算した結果、年間の60パーセントのエネルギーがカマドウマ由来ということがわかったのです。

川の渓流魚以外にもハリガネムシは影響を与えていました。カマドウマが飛び込めないようにした区画では、渓流魚は水に飛び込む大量のカマドウマを食することができないので、他の水生昆虫類をたくさん捕食していました。そして魚のエサとなったこれら水生昆虫類のエサは藻類や落葉だったため、河川の藻類の現存量が2倍に増大し、川の虫の落葉分解速度は約30パーセント減少したことがわかったのです。

このように、小さな寄生者であるハリガネムシが、昆虫を操り、入水させることは、河川の群集構造や生態系に、大きな影響をもたらすことが実証されました。

6　アリを操りゾンビ行進をさせるキノコ

昆虫に寄生する植物としては冬虫夏草(とうちゅうかそう)などがよく知られていますが、アリに寄生して発芽するオフィオコルディセプス属の一種は、宿主の心と体を乗っ取って生存に有利な場所に移動させ、最も適した時刻に宿主が死ぬように操作するという驚くべきマインドコントロールをしていることがわかってきました。ここではまず、今まで広く知られてきた冬虫夏草という昆虫に寄生するキノコの生態についての説明をし、その後宿主をマインドコントロールするキノコについて紹介していきます。

冬は虫に、夏は草に?

冬虫夏草は、昆虫と菌種の結合体のことです。別の言い方をすれば、セミやクモなどの昆虫に寄生したキノコの総称です。ちなみにキノコはカビと共に菌類という生物群にまとめられていて、菌類のうち比較的大型の子実体(しじったい)を形成するものを指しています。つまり、キノコもカビも大雑把にいうと菌類です。

冬虫夏草は冬の間は虫であり、夏になると草（キノコ）になってしまうという不思議な現象からつけられた名前です。また、高級漢方としても有名です。そんな、冬虫夏草のでき方を見ていきましょう。

夏になると、たくさんの昆虫が山中を飛び、花にたくさんの卵を産みます。やがて卵が孵化して幼虫になり、土の中に潜っていきます。土の中に潜った昆虫の幼虫は植物の根の栄養分を吸収して大きく成長します。この土の中で「冬虫夏草」の菌が昆虫につくのです。

生きたままでキノコに養分を吸い取られていく虫

菌はまず生きた昆虫の体内に侵入し、昆虫の栄養分を内部で吸収しながら、育っていきます。菌に養分を取られた昆虫は危険を感じるようになり、必死に地面からはい出ようとしますが、地面から出る前にほとんどが死んでしまいます。

そして、冬が来ると、菌は死んだ昆虫の体内でさらに養分を吸収して成長を続けます。寄生された昆虫は外側は昆虫の形をしたままですが、中身は菌に食いつくされています。これが「冬虫」です。

そして冬が終わると、春の終わり頃から初夏にかけて、外側は虫の形、内側は菌の巣窟となった〝虫〟の形を残したものは発芽し、小さな頭（菌の子実体）が地面に出ます。そして、少しすると、その小さい頭は細長い棍棒(こんぼう)型になり、これが「夏草」と呼ばれます（図6-1）。

このように生きた虫の体に寄生する菌は、冬虫夏草だけしか発見されておらず、その生態はまだまだ多くの謎に包まれています。冬虫夏草は、セミ、チョウやガの幼虫、トンボ、ハチなど、いろいろな昆虫に寄生しますが、カブトムシやクワガタ、カミキリムシなどからはまだ発見されていません。

また、菌と宿主である昆虫の種特異性が強く、菌の種類によってどの昆虫に寄生するかが決まっています。

高級漢方薬としての冬虫夏草

「冬虫夏草」の種類は昆虫の種類によっていろいろありますが、そのうち正統な漢方生薬として扱われるのは、コルディセプス・シネンシス（*Cordyceps sinensis*）と呼ばれるコウモリガ科の幼虫に寄生したもの1種類だけです。この種の冬虫夏草は、絶対量が少ないので幻のキノコと呼ばれ、大変に珍重され高値がつけられています。この冬虫夏草は、古来から強壮・精力増強、疲労回復、諸病治癒、不老長寿に著効ある高貴薬として、中国の宮廷を中心に常に珍重されてきました。

日本では、オオコウモリガは生息していないため、天然の冬虫夏草であるコルディセプス・

シネンシスの発生はありません。その代わりに食品、医療品のメーカーなどが大学や研究機関と協力して、人工的に培養した冬虫夏草を生産し商品化したものが存在しています。

感染からアリをゾンビに

では、話を元に戻していきましょう。寄生カビである子嚢菌（しのうきん）の一種タイワンアリタケ（*Ophiocordyceps unilateralis*）が、カーペンターアリに寄生するということは、古くから知られていました。この種類のカビには変種が多く存在しています。

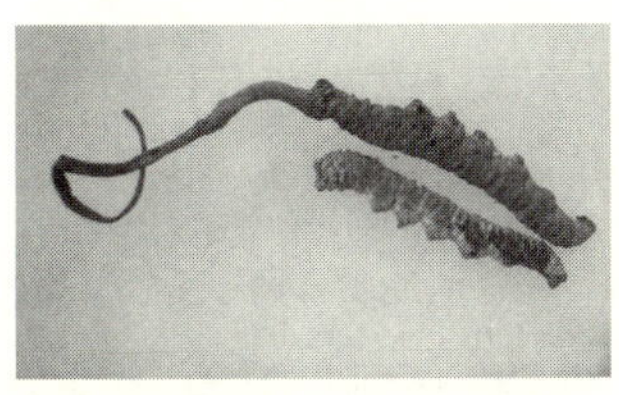

［図6-1］冬虫夏草。ガの幼虫の頭から菌の子実体が出ている（写真：L.Shyamal,2008）。

２０１１年の論文で発表された研究では、ブラジルの熱帯雨林で発見された同一種だと思われていたこの寄生カビから、４種類の新種が記載されました。また、これら4種のカビはカビ1種につき、1種類のアリにだけ寄生するようです。この菌も宿主の心と体を乗っ取ってゾンビにし、自分の都合の良いように宿主を操作するのです。

感染の経路はまずカビの胞子がふわふわと上から落ちてくるところから始まります。そのカビの胞子がアリに接触し、昆虫が外部の空気を取り入れるための器官である気門から体内に侵入します。体内に入ったカビは消化酵素を分泌しながら、アリの体内の組織を溶かし、さらに深く脳にまで侵入していきます。そして、カビはアリの脳まで達すると化学物質を放出し、アリの脳を支配し、行動を操ることができるようになります。この菌に寄生されたアリは寄生されてから完全に死亡するまで3～9日ほどかかり、それまではしばらく自分の巣で他のアリと接触し、エサも食べるなど、いつも通りの生活を送ります。

脳を乗っ取られたアリの死の行進

脳を支配されたアリは、菌の発芽の時期が来ると、酔ったように歩き回って、カビの生育にとって最適な温度と湿度の環境である低い位置にある葉へと自分の意思とは関係なくふらふらと移動していきます。

カビにとって最適な葉のある環境まで移動すると、アリは葉の葉脈に大アゴで咬みつき、体を葉にしっかりと固定させます。この行動の後に、カビはアリを殺しますが、死んだ後であっても、アリの咬みついたアゴは外れず、葉にくっついたままになっています。

論文では42体の寄生されたアリを観察し、そのいくつかを解剖してみたところ、最後に葉脈に咬みついた状態のアリの頭部はすでにキノコの細胞で充満しており、さらに下アゴやアゴの筋肉が萎縮していることがわかりました。これにも菌の戦略があると考えられています。ゾンビ化し菌が充満しているアリを葉に固定し続けるため、より強固にアゴで葉に固定する必要があります。菌はアリの下アゴやアゴの筋肉の中のカルシウムを吸い上げることで、死後硬直と同じ状態を作り出し、死んでゆくアリのアゴの固定がゆるんで葉から落下するのを防ぐ効果があるようです。

死ぬ時刻さえ決められているゾンビアリ

この菌に寄生されたアリは、ほぼすべての個体が正午近くに死ぬべき最終地点に到達し、日没に死に至り、その後、菌がアリの頭を突き破って発芽してきます。そして、菌はこの時間帯さえも操作しているようです。アリが葉脈に最後に咬みつくのは正午ですが、実際にはアリは日没まで生きています。これは、アリの頭を突き破って発芽するプロセスを、涼しい夜の間におこなうための戦略と考えられています。そして、アリの死骸を媒体として菌が周りにどんどんと増えていき、夜になると菌の発芽した子嚢果からゾンビパウダーよろしく葉の上から菌の胞子をまき散らし、その下にいるアリをゾンビ化していくのです。

このように、ゾンビアリを作る菌はアリの行動を支配するだけでなく、その場所と時間までも操作する驚くべき戦略を持っています。

〝ゾンビアリ菌〟を抑制する菌が見つかる

どんなに効率の良い戦略を持った生物であっても、さまざまな生物同士が共生し、相互作用しながらせめぎ合う生態系では、ある一種の生物の一人勝ちというのはなかなか存在しません。必ず抵抗勢力が出現するのです。ご紹介したように、このゾンビ化する菌は巧妙で緻密な方法でアリたちを効率良くゾンビにし、さらにこの菌を増やしていくことに成功しているように見えますが、2012年になって、このゾンビアリ菌を抑制する菌類が発見されました。

この抑制菌を発見したアメリカ・ペンシルバニア州立大学の昆虫学者デイビッド・ヒューズ博士は、熱帯雨林を調査していたとき、地面に菌類に感染した〝ゾンビアリ〟の死骸が散乱しているのをいつも見ていました。地表を歩き回るアリにとっては、このゾンビアリの墓場は菌に感染する地帯のため非常に危険です。しかし、すべてのアリがゾンビになるわけではないのです。

研究チームはブラジルにある複数のゾンビアリの墓場から得た新たなデータと、以前調査したタイの墓場のデータを分析した結果、まだ名前のついていない菌類がゾンビアリ菌の発生を抑制していることを突き止めました。

ゾンビアリを抑制する菌はゾンビアリ菌のそばに存在することがあります。そして、この抑制菌があるとゾンビアリ菌は6・5パーセントしか胞子を形成できなくなり、アリをゾンビ化するためのパウダーが作られなくなるのです。その効果は絶大で、抑制菌のおかげでゾンビアリ菌の拡散がほとんど抑えられてしまうほどです。

やはり、自然界では複雑な相互作用の中で生物同士の静かな生存戦略がそこかしこで繰り広げられています。

コラム

菌、カビ、キノコの違い

キノコを野菜の一種と思う方も多いようですが、植物ではありません。分類としては植物界・動物界に並ぶ「菌界」に属す、菌類の一種になります。カビも同様、菌類です。

菌といえば、大腸菌やビフィズス菌などの細菌類も「菌」と呼ばれることがあるため、混乱を生むのかもしれません。大腸菌やビフィズス菌などの細菌類は、カビなどの菌類とは全く違う生物です。以下にカビと細菌の違いを簡単にまとめます。

・菌類（真菌（しんきん））とは一般にキノコ・カビ・酵母と呼ばれる生物の総称であり、菌界に属する生物です。細菌などと区別するために真菌と呼ばれることもあります。細胞の中に細胞核と呼ばれる細胞小器官を有する生物です。

・細菌（バクテリア）とは乳酸菌、納豆菌、大腸菌、結核菌など。核膜や細胞小器官の膜を持たず、単細胞の原核生物としては最小のものです。

キノコとカビは真菌です。アリをゾンビにするのもこの真菌の一種です。姿形は違っても、キノコとカビは同じ分類群に属します。

カビといえば、「菌糸」が集まってできているものが目に浮かぶことでしょう。カビを除去する薬剤のCMでも、この菌糸が風呂場のゴムパッキン部分に根を張っていると強調しています。カビはこの菌糸を成長させ、やがて「胞子」を作り、それを飛ばして繁殖します。これがカビの生き方です。

キノコも同様に、木や土の中にこの菌糸を張っています。この地表に出ない菌糸が、キノコの本体です。それでは、いわゆる「キノコ」として売られて私たちが食しているあの部分は何かといいますと、胞子を作るための「子実体」と呼ばれるものです。ゾンビアリの頭からにょきにょきと出てくるのも「子実体」の部分です。つまり、いくつかの菌類は子実体としてのキノコを作り、たねのように胞子をまくのです。

つまり、キノコとカビの違いは、胞子を作る器官が、キノコの場合は肉眼で見えるほどに大きくなり（子実体）、カビは大きくならないという点だけであり、その他はほとんど変わりません。「キノコ」という名称も、菌類のうちでも比較的子実体が大きいもの、あるいはその子実体自体につけられた俗称なのです。

7　ウシさん、私を食べて！　と懇願するアリ

そもそもウシはアリを食べません。ウシが食べるのは牧草などの草です。しかし、ある寄生虫に行動を操られているアリは、何が何でもウシに食べてもらうためにウシの食べる牧草の上に登り、できるだけ食べてもらえる確率が高くなるように行動するのです。

そのようにアリの行動を操る寄生虫、それはディクロコエリウムです。

複雑な生活環を持つディクロコエリウム

ディクロコエリウムは槍形吸虫（やりがたきゅうちゅう）（*Dicrocoelium*）の一種です（図7-1）。槍形吸虫もまたウシ（ヒツジなど）→カタツムリ→アリ→ウシ（最終宿主）と渡り歩くことで成長する寄生虫です。槍形吸虫は第1中間宿主と第2中間宿主と最終宿主の3種類もの宿主を必要とします。カタツムリやアリは中間宿主であるため、それらの宿主体内では繁殖することができません。ウシが最終宿主なので、成長後はウシに移動しなければ、繁殖ができず自分の子孫を残すこともできないのです。

中間宿主とは、寄生虫がその幼生期の発育をおこなうために寄生する宿主のことです。そのような種類の寄生虫の場合、発育が終わって生殖をおこなえる段階になると、最終宿主に移動して、有性生殖をおこないます。一般に中間宿主を必要とする種では中間宿主にいったん寄生しない限り、最終宿主に寄生しても生殖をおこなうことはできず生活環は完成しません。つまり、成長段階に合わせて、寄生する宿主を替えなければ、成長したり繁殖したりできないのが、中間宿主を持つ寄生虫です。

［図7-1］槍形吸虫の一種（写真：Alan R Walker,2012）。

ウシからカタツムリへの旅

中間宿主を2種類も必要とするディクロコエリウムは、自己の生存と繁殖がかかっているため、進化の中でより素晴らしい生存戦略を獲得しています。

まず、ウシのおなかの中にいるディクロコエリウムが産んだ卵は、ウシの糞に交じって体外に排出されます。ここから、自分の成長に合わせた宿主の乗り換えの長い旅が始まります。ウシの次はカタツムリへの移動です。ウシの糞の中からカタツムリの体内に移動するのは比較的容易です。カタツムリはウシが飼われている牧草地帯にもたくさんいますし、カタツムリのエサとなる牧草の上にウシの糞があれば、食べてもらえます。

しかし、ウシが糞をした場所が運悪く、乾燥した、カタツムリのいないような日当たりの良い場所だった場合、ウシの糞の中のディクロコエリウムは成長することもなくそこで絶命します。

無事に糞と一緒に食べてもらったディクロコエリウムの卵は、カタツムリの体内に入って初めて孵化することができます。カタツムリの体内で孵化したディクロコエリウムはスポロシストというステージを経て、ケルカリアになり成長します。

ディクロコエリウムはカタツムリの体内では無性生殖ができます。そして、おびただしい数に増殖したケルカリアは、カタツムリの粘液と共に体外に脱出していきます。

増えたらカタツムリからアリへ移動

運良くアリがカタツムリの粘液を食べてくれれば、ケルカリアはアリに移動して寄生することができます。ケルカリアの寿命が1日程度ですので、さっさと発見されてアリに食べてもらわなければここでまた命が果てることになります。

何度も修羅場をくぐって、やっとこアリの体内にたどり着いたディクロコエリウムだけが、アリの体内でケルカリアからメタケルカリアという別のステージに成長します。

ここまで成長したディクロコエリウムは、ウシにさえ入り込めれば、有性生殖をおこなってその人生を完結させることができるのです。さあ、次はウシへ移動してどんどん繁殖したい。しかし、どうやって移動すればよいのでしょう。ウシがアリをムシャムシャ食べたりはしません。食べるのは草です。何の工夫もしなければ、草と一緒に偶発的に食べられることがごくたまにあるぐらいです。その確率はとても低く、ほとんど期待できません。しかも、アリは動きが機敏で、草の上にいて、ウシが草を食べようとするとすばしこく他の場所に逃げていきます。

せっかくアリの体内にいても、そのアリがウシから逃げ回るようではもうディクロコエリウムは打つ手がありません。しかし、長い期間、生物として絶滅せず生き残ってきたディクロコエリウムにはアリの行動を操る策があるのです。

寄生したアリをマインドコントロールする

アリに寄生したメタケルカリア（ディクロコエリウム）は、ウシにアリごと食べてもらうため普段は機敏なアリの行動を支配するのです。

夕方になると寄生されていないアリたちは巣に戻ろうとします。しかし、ディクロコエリウムに寄生されたアリは自分の巣穴に戻ろうとせず、なぜか草のてっぺんに登っていきます。ディクロコエリウムがそうさせているのです。草の頂上に向かう理由は、もちろんウシに食べてもらいやすくするためです。

通常、アリはウシが近づくと逃げる習性を持っています。しかし、ディクロコエリウムに寄生されたアリは草の頂上で、そのまま動きを止め、ウシが近づいてこようが逃げる素振りも見せません。大量にアリのついた草が、ウシの大好物なわけではありませんが、ウシはいちいち草をじっと見つめてから食べるわけではありません。動きを完全に止めて草に摑まるアリたちはその存在感を消し、草ごとウシに摂取される可能性を高めるのです。

そして、アリと一緒に草ごと食べられたディクロコエリウムは無事にウシの体内で生殖をおこない、次世代を生み出していきます。

では、食べられなかったアリはどうするのでしょうか。なんと、夕方から一晩経っても食べられなかったアリは、朝方になると、ディクロコエリウムが洗脳を解き、地面に戻すことが観察されています。昼間の間は寄生したアリを自由に行動させ、エサも食べさせ、また夕方にマインドコントロールを始め草の頂上へと導き、今度こそウシに食べられるように、アリがウシに食べられるまで行動を操り続けるのです。

8　あなたがいないと生きられないの！蜜依存にさせるアカシアの木

アリがいないと生きられないアカシアの木

アカシアの木とアリの共生は、一緒にいることでお互いに利益を得る「相利共生」の例として知られてきました。アリアカシアは、マメ科の樹木で大型の動物に食べられないように長さ3センチにもなる硬く鋭いトゲを持っています（図8-1）。このトゲのおかげで、哺乳類などの動物はこの木を食べることを避けます。しかし、虫などの葉を食べる小さな生き物には、このトゲは有効ではありません。そこで、アカシアの木は他の虫たちによって自分の葉が食いつくされないようアリと同盟を組み、アリをボディーガードにしてしまいます。

アカシアは自分のトゲに小さな穴を用意して、アリが棲みやすいような居住空間を作り出します。この穴にアカシアアリの女王がやってきて、棲みつき、働きアリたちが生まれると、アカシアは、葉や茎にある花外蜜腺という器官から甘くてミネラルたっぷりの蜜をアリたちに与えます。

すると、その働きアリたちはアカシアの木を守る行動をします。アリアカシアに近寄ってくる虫をパトロールをしながら探し出し、発見すると素早く攻撃して追い払います。自分の体よりも大きな敵に対しても働きアリたちは集団で襲いかかり、毒液を吐きかけたり、尻についている毒針で刺したりします。

アリは他の昆虫からアカシアの木を守るだけではなく、植物からも守ろうとします。アリアカシアに他の植物のつるが巻き付くとそれを切断し、周りの植物が成長してアリアカシアが日陰にならないよう駆除するといったことまでしてくれるのです。そのため、アリアカシアのアリを駆除すると、アリアカシアは成長しなくなり、1年以内にそのほとんどが枯れてしまいま

[図8-1] アリアカシアの一種。鋭いトゲを持ち、トゲの中がアリの巣になる（写真：Kurt Stüber, 2004）。

す。

このように、アカシアの木はアカシアアリに棲む場所と甘い蜜を与え、アリはアカシアを守り世話をします。このような関係は互いに利益を享受しながら進化してきた共生の関係のように見えます。しかし、この関係はお互いに得をする共生関係というよりは、アリを依存症にすることで自分から離れられなくするようなアカシアの木の巧みな戦略が潜んでいたことが、メキシコのシンベスタブ・ウニダード・イラプアト研究所のマーティン・ヘイルらの研究チームによって2005年に明らかとなりました。

アカシアの蜜しか食べられないような体に改変されるアリたち

アリがエサとする樹液には、ショ糖などの甘い糖分が多く含まれています。この糖を分解して消化するためには「インベルターゼ」という酵素が必要となります。そのため、ほとんどのアリはこの「インベルターゼ」を持っています。しかし、アカシアの木に棲むアリは、このインベルターゼが不活性化しており、通常のショ糖を消化できない状態になっていたのです。

つまり、アカシアに棲むアリは通常のショ糖は消化できないにもかかわらず、アカシアの提供する甘い蜜は消化することができます。なぜなら、アカシアの提供する蜜には酵素であるインベルターゼも含まれているので、アカシアアリは消化することができるのです。このように、アカシアアリは、アカシアの木が提供する蜜以外を摂取することができず、アカシアの蜜に依存しています。

しかも、アカシアに棲むアリの成虫は、このアリにとって必須とも言える酵素を持っていませんでしたが、その幼虫時代にはちゃんと持っていたのです。そこに、アカシアの木の利己的な戦略が潜んでいたのです。

いつこんなにも大切な酵素を失ってしまったのでしょうか。同じ研究チームは、アリの幼虫時代には正常だったインベルターゼが、成虫になる頃には不活性化することも突き止めました。そして詳しく調べた結果、アカシアの蜜に含まれるキチナーゼという酵素が、アリの持つインベルターゼを阻害していました。アカシアアリは蛹から羽化すると、まずアカシアの蜜を食します。その一口の蜜はまるで毒のように、アリの体中を巡り、本来持っていたショ糖を消化する酵素を阻害するのです。こうして、幼虫時代には持っていた糖を分解する酵素であるインベルターゼが不活性化し、一生元に戻ることはなく、結果としてアカシアの蜜以外は消化できなくなってしまいます。

つまり、アリたちはアカシアの蜜のせいで、アカシア以外から分泌される蜜を分解する酵素を失い、アカシアの思惑通り生涯アカシアの木から離れて生きることができなくなってしまうのです。

これまで、酵素が別の酵素を阻害するケースは確認されていませんが、何か別の未知のメカニズムによってこうした反応が起こっていると考えてそのメカニズムに迫る研究が続けられています。

アカシアのように、植物体の上にアリを常時生活させるような構造を持つ植物は「アリ植物」と呼ばれ、世界で約５００種ほど見つかっています。

9　カニの心と体を完全に乗っ取るフクロムシ

カニやヤドカリの腹部に、袋状のものがついているのを、見たことはないでしょうか。フクロムシはカニの腹部についている袋状の小さな生き物で、一見カニが持っている卵のように見えます（図9-1）。このフクロムシに寄生された宿主は神経を操られ、寄生者であるフクロムシの子どもを自分のおなかで育て、守り、再び拡散するようにマインドコントロールされてしまうのです。

フクロムシってどんな生き物？

フクロムシは昆虫やカニと同じ節足動物門の生物ですが、節足動物に特徴的な体節と脚が退化しており、とても節足動物とは思えない外見を持っています。

フクロムシ類は、海に棲み、カニ、エビ、シャコ、ヤドカリなどの節足動物に寄生します。私たちが目にするのは磯によくいるイソガニ、イワガニ、ヒライソガニに寄生するウンモンフクロムシ（*Sacculina confragosa*）です。ウンモンフクロムシは、図9-1でもわかるように、カニの腹部にあるカニの卵のように見えます。このカニの卵のように見える部分はフクロムシの体の一部で「エキステルナ」と呼ばれます。この部分はフクロムシの生殖器で卵巣と卵がたっぷり詰まっています。では、本体部分はどこにあるのでしょうか。フクロムシの本体部分は「インテルナ」と呼ばれますが、まるで植物の根のように、カニの体内に張り巡らされています。そして、この根のような部分で、カニから栄養を奪って生きています。こうして、フクロムシは宿主体内から栄養を奪い、自分の卵を抱かせ、その生涯をカニに頼りきって生きています。

カニのハサミの届く腹に寄生

カニにつく寄生虫としては「カニビル（*Carcinobdella kanibir*）」が有名ですが、カニビルはカニのハサミの届かない安全な背中部分に寄生します。しかし、このフクロムシは、なぜか腹に寄生します。腹部はカニのハサミが届くため、腹についてもすぐにカニのハサミで取り除かれてしまいそうですが、フクロムシは宿主であるカニの神経系を操り、カニにまるで自分の卵を抱いているかのように錯覚させています。実際、フクロムシに寄生されたイソガニの神経系を調べると、胸部神経節がひどくフクロムシのインテルナに侵されています。そこでは、本来あったはずのカニ自身の神経分泌細胞が一部消えていたり、完全に細胞が消失していたりするものもいます。

宿主のオスをメス化させ産卵マシーンに

メスのカニは、自らの卵を守る習性があるため、寄生されても自分の卵と勘違いをしてフクロムシの卵を守る行動をするのも納得できますが、フクロムシはメスのカニに限らずオスのカニにも構わず寄生します。オスのカニは卵を産まないので、卵を守る習性も本来はないのですが、フクロムシに寄生されたオスのカニは、不思議なことに徐々にメス化していくのです。フ

[図9-1] カニの腹部に寄生しているフクロムシ（写真：Hans Hillewaert, 2005）。

クロムシに寄生されたオスは、脱皮を繰り返すごとにメスのようにハサミが小さくなり、腹部が大きく広がっていきます。見た目も振る舞いもメスのようになっていきます。そして、オスのカニもメスと同様、自分の卵のように大事に育てようとします。そして、メスのカニが自分の子どもを孵化させ海中に拡散させるように、このオスのカニもフクロムシの卵塊の世話をし、フクロムシの卵が孵化するとそれらの個体を海中にまき散らすような行動をします。

このように、フクロムシに寄生されたカニは体内の栄養分を取られ、ホルモンバランスを崩され、神経系を乗っ取られ、ついにはカニ自身の生殖機能を失ってしまいます。つまり、フクロムシに寄生されたカニは自らの子孫を残すことはできず、ただフクロムシに栄養を与え、卵を守り、孵化したフクロムシの子どもたちを拡散させるためだけに生きていく、まるで奴隷のような一生を送ることになります。

こんなにも栄養を奪われ、奴隷のような生活を強いられるカニの寿命は短くなりそうな気がします。ところが、繁殖能力を奪われているため、繁殖に使うエネルギーが抑えられるので逆に長生きし、さらに長期間にわたってフクロムシの子どもを育てていくことになるのです。

どうやってカニに侵入するのか

フクロムシはフジツボの仲間です。フジツボの仲間は固着生活に入る前は自由に泳ぎ回ることができる幼生（プランクトン）、ノープリウス幼生、キプリス幼生のステージを過ごします。フクロムシも同様にこのステージを通って大人になりますが、フジツボはキプリス幼生になると岩などにくっついて固定して生き続け、一方フクロムシの幼生はカニの体内に侵入します。カニの体は硬い殻で覆われているにもかかわらず、フクロムシはカニの体内に侵入することができます。どのようにしてカニの体内に侵入するのでしょうか？

まず、フクロムシのキプリス幼生は、カニの体表にある毛の根元に付着します。すると幼生から針のような器官が伸びて、しゅるしゅるっと一瞬で体内へと侵入していくのです。体内に侵入したフクロムシは、植物が根を張るように細い枝状の器官をカニの全身に張り巡らし、カニの体内から栄養分を頂戴します。そして、カニの腹の外側に袋状の外套(がいとう)を発達させます。

フクロムシのオスは毎回捨てられる

先にも書きましたが、フクロムシはフジツボの仲間です。生物進化論で有名なダーウィンはフジツボの研究もおこなっていました。その当時、フクロムシもフジツボと同じように雌雄同体と考えられていました。なぜそう考えられていたかというと、フクロムシを解剖すると、卵巣の下に精子の詰まった組織のようなものが2つあったからです。

その後、ヤドカリに寄生するナガフクロムシの研究によって、その精巣だと思われていた組織が実は寄生者であるフクロムシの組織であることが判明しました。

つまり、カニの腹の外側についている袋のような部分のほとんどはフクロムシの卵巣です。そして、その片隅にオスは存在しています。フクロムシのメスは宿主であるカニの体内に植物の根のように細い枝状の器官を張り巡らし、そこから栄養分を頂戴していますが、オスはカニの体内には存在せず、外側に出ている袋の片隅にしかいないのです。

しかも、フクロムシが孵化した後や宿主であるカニが脱皮するときには、この袋状のものはなくなってしまいます。つまり、そのときに、中にいたオスは自分が棲み家としていた袋と共に海中に捨てられてしまうのです。次に新しく出てきた袋の中にはオスがいません。そのため、フクロムシのメスは新しいオスのキプリス幼生を袋の中へ呼び寄せなければなりません。

このときも、フクロムシに完全に乗っ取られている宿主であるカニが、フクロムシのオスを呼び寄せるために必死に頑張ります。操られているカニは、しきりにおなかを動かし、袋の中にフクロムシのオスを取り込もうとするのです。

つまり、宿主であるカニの体内に寄生しているフクロムシはメスであり、オスは毎回使い捨てされ、カニの脱皮に合わせて取っ替え引っ替えされているのです。

このように、一度フクロムシに寄生されたカニは何度脱皮して殻を脱ごうとも、フクロムシにホルモンと脳を操られ、オスさえもメスのようになり、フクロムシの子どもを守り、海中にフクロムシの子どもをどんどん拡散させるために一生を費やすことになるのです。

フクロムシのお味は？

フクロムシのことについて調べていたとき、某有名検索サイトで「フクロムシ」と検索をしたところ、候補として「フクロムシ　食べる」という検索ワードが出てきたので、ついサイトを拝見してしまいました。するとそこには予想通り、フクロムシを味見している方がいました。メスのモクズガニについていたフクロムシを食べた感想と、もう一つ、アナジャコについていたフクロムシを食した方がその感想を写真付きで載せていました。モクズガニの方は茹でて食べたようで、アナジャコのフクロムシを食べた方はフライパンで炒って味わっていました。どちらの方の感想も簡単にいうと、「まずくはないがうまくもない」という感じでした。

それらのサイトを拝見し、このよくわからない生物を食べてみようと思う人間の好奇心に脱帽しました。

コラム

カニの甲羅についている黒いつぶつぶ・カニビル

カニビルはその名の通り、カニについているヒルのような寄生虫です。といっても体内に寄生しているのではなく、カニの甲羅にくっついているだけです。カニビルは、普段は柔らかい泥の中で生活しており、産卵は固い岩などにおこないます。岩の他にも、硬いものであれば何にでも産卵する習性があるため、ズワイガニの甲羅、甲殻類、貝類の殻にも産卵します。また、カニビルがカニの甲羅に産卵した場合、カニの甲羅に乗ってさまざまな場所に移動することができるため、生活範囲を広げる効果もあると言われています。

カニビルはズワイガニの甲羅に卵を産み付けるだけで、ズワイガニの体内に寄生をしたりはせず、カニにとっては無害な生物です。

カニの市場では、甲羅についているカニビルがカニ自体の価値の基準になることもあります。甲羅についているカニビルの卵の数が多いと、カニの脱皮から時間が経っていると考えられるため、中の身がしっかり詰まっていて美味しく、価値が高いのではないかというわけです。しかしズワイガニの脱皮時期と漁業解禁期間に数ケ月の差があることもあり、その間にライフサイクルの短いカニビルはすぐ産卵してしまうため、あまり信頼性のある指標にはならない場合もあります。また、カニビルは主に日本海に生息しています。そのため、カニビルの卵が付着しているズワイガニは日本海産の証拠と主張する業者もいます。しかし、カニビルに関してはあまり研究が進んでおらず、その生態域でさえいまだあやふやで、日本海だけでなくもっと広い海域に生息しているという説もあります。

10　寄生した魚に自殺的行動をさせる

ユーハプロルキス・カリフォルニエンシス（*Euhaplorchis californiensis*）はアメリカのカリフォルニアに生息する吸虫の一種です。この吸虫は2種類の中間宿主を必要とし、最終宿主である鳥に移動して有性生殖をおこなう寄生虫です。中間宿主が2種類もいるため、巧みな戦略でそのライフサイクルを何とか完成させるよう進化しています。

鳥よ、どうか水辺に糞をしてください

ユーハプロルキスのライフサイクルは次のようになっています。

鳥の糞中→巻貝の一種（*Cerithidea californica*）→カリフォルニアカダヤシ（魚）（*California killifish*、*Fundulus parvipinnis*）→再び鳥

鳥の糞から長い旅が始まります。鳥の糞中に含まれるユーハプロルキスの卵が孵化するためには次なる宿主である巻貝に移動しなくてはなりません。巻貝は水辺にいます。しかし、寄生した鳥が水辺に糞を落下させるとは限りません。地上に落下してしまったユーハプロルキスは

その時点で卵の段階で脱落します。そして、水辺に運良く落下したユーハプロルキスは、巻貝に食べられるのをじっと待ちます。しかし、ここでもまた脱落者はたくさん出ます。他の巻貝や魚などに食べられるなどして脱落していきます。

巻貝から魚（カダヤシ）に移動しなければ

巻貝の体内に見事入り込むことができた卵は体内で孵化し、ケルカリア幼生となり、巻貝から水中に出ていきます。ケルカリア幼生は、おたまじゃくしの尾が２つに分かれたような姿をしており、自分自身で水中を泳ぐことができます。そして、次に目指すのは、魚の体内です。魚といっても何の魚でもよいわけではなく、カダヤシの一種、カリフォルニアカダヤシの体内に侵入しなければ生きていけません。カダヤシはメダカにそっくりな小さな魚です。

ここでも、時間的猶予はさほどありません。ユーハプロルキスは単体で長時間は生存できないため、素早くカダヤシ体内にたどり着かなければ死んでしまいます。しかも、ケルカリアは1ミリ以下の大きさで、いくら尾が二股に分かれていて多少は泳げるといっても、移動できる距離はたかが知れています。そのため、水中に出ていったユーハプロルキスはこの段階でも大量に脱落します。

しかし、宿主を転々とし死亡率が高い寄生者は、質より数で勝負するという進化的な戦略を持っているため、最初におびただしい数の卵を産んでいます。そのため、各移動段階で、脱落者が多く出たとしても、その一部は確実に第2宿主のカダヤシにたどり着くことができます。

さて、最終宿主まであと一息です。次に鳥へはどうやって乗り込むのでしょうか。

寄生された魚（カダヤシ）は落ち着かない

これまでの研究で、寄生されたカダヤシは非常に高確率で鳥に捕食されていることがわかっています。このユーハプロルキスにも宿主を操る戦略があるのです。

ケヴィン・ラファーティとキモ・モリスの1996年の論文でそのメカニズムが明らかとなっています。

ユーハプロルキスに寄生されたカリフォルニアカダヤシは、見た目上は寄生されていない個体と全く変化がなく、運動能力や健康状態も同等です。

しかし、体内にいるユーハプロルキスに行動を操られてしまいます。寄生されているカリフォルニアカダヤシは水中をジグザグに泳いだり、水面近くに浮かんできて、さらにその腹部を見せて泳いだり、水面に向かって突進したりといった、奇妙な行動を取ることがわかりました。

行動のデータを比較すると寄生されたカダヤシは、寄生されていないカダヤシに比べ、この奇妙な動きを4倍多くすることがわかりました。

最終的に魚の自殺的な行動を誘発する

小さな魚にとって水面近くに上がってくることは大変な危険をはらむ行為です。空から魚を狙う鳥に見つかりやすくなり、捕食されやすくなるからです。また、腹部を上にして水面に浮く行動は、死にかけた弱っている魚の行動に似ているため、鳥はその行動を見ると、捕まえやすいうってつけの獲物であると認識します。

寄生されたカダヤシはこの奇妙な行動を寄生されていない個体よりも4倍も多くし、その結果、4倍ほど鳥に食べられやすくなったのでしょうか。いいえ、それをはるかに上回る30〜40倍までその確率は跳ね上がっていたことがわかりました。つまり、ユーハプロルキスは最終宿主である鳥の体内に戻るため、カダヤシに自殺的な行動をさせ、鳥に食べられやすくなるよう操作しているのです。

また、その後の２００９年のアメリカの研究チームの発表した論文では、どのようにしてこのユーハプロルキスが宿主であるカダヤシに鳥に見つかりやすい奇妙な行動をさせているのかを明らかにしています。ユーハプロルキスは宿主であるカダヤシの脳内に高密度で感染していると、カダヤシの視床下部におけるドーパミン活性を上昇させ、海馬におけるセロトニン活性を減少させていることがわかりました。ドーパミンとセロトニンは脳内の神経伝達物質です。

ドーパミンは運動調節、ホルモン調節、快の感情、意欲、学習などに関わる物質で、セロトニンは生体リズム、神経内分泌、体温調節などに関与する物質です。この研究によって、脳に感染する寄生虫が宿主の神経伝達物質を変化させ、それによって宿主の行動を操作している証拠が初めて示されました。

11 エビに群れを作るように操るサナダムシ

多くの生き物たちには、生物同士が集まった「群れ」の形成が頻繁に見られます。群れでいる方がより適応に有利に働く場合があるからです。その利点は大きく分けて3つあります。

1つ目の利点は群れによる「希釈効果」です。皆さんは、水族館でイワシが群れを成して一斉に泳ぐ姿を見たことがあるのではないでしょうか。海の中ではイワシの群れはより大きく、数千、数万という数で大群を形成している場合もあります。イワシは体が小さく、単独で海を泳いでいれば、より大型な魚類にすぐに食べられてしまいます。しかし、大群の中にいることで、個々のイワシが狙われる確率はぐっと低くなります。

魚などの海洋生物は、バッファローなどの群れを作る陸生生物と異なり、上下にも移動することができ、数万という大群を乱さず海中を移動するのは至難の業のように感じます。しかし、イワシはいつも大群を乱さず移動していきます。なぜなのでしょうか。イワシの体には、頭から尾にかけて「側線」という1本の線が走っています。この線が聴覚と触覚を併せ持った働きをしており、イワシは水圧や水流の変化から前後左右上下にいる仲間の存在を感知して群れを崩さず移動することが可能なのです。

このような自分が捕食される確率を下げるための「群れ」はイワシに限らず、肉食獣に狙われる草食動物でもよく見られます。ジャコウウシでは捕食者が近づいてくると鋭い角のある体の大きなオスたちが頭を外側にして円陣を組み、子どもを群れの中央に入れ、角を振り回し、敵を寄せ付けない隊形を取ります。

また、「希釈効果」には食われる確率を下げるだけでなく、毒から身を守る効果もあります。キンギョなどの水生生物は、水中に有害物質が入っていた場合、群れでいる方が生存率が高いことが知られています。自分たちの代謝排出物によって、有害物質を無毒化する効率が高まるからです。

群れの利点の2つ目は「過酷な環境下での抵抗性の増加」です。テントウムシやカメムシは、冬場に木の皮の裏などに集まって越冬しています。なぜなら、1匹で越冬しようものなら、すぐに体温や水分が奪われ、そのまま冬を越せず死んでしまう可能性が高いからです。しかし、お互い体を寄せ合って大集団を形成することによって、1匹あたりの外気に接する面積が減少するため、体温や水分が逃げにくくなり、寒く、乾燥した冬を越えることができるのです。テントウムシの他に、ハチなどの昆虫やネズミなどの小型哺乳類も、お互いの体を寄せ合って群れを作ることで、生き抜いていることが知られています。

群れの利点の3つ目は、「分業や協調行動による効果」です。ライオンやオオカミなどの肉食動物では、群れで連携しながら狩りをします。このように、集団で分業し、協調行動を取ることで捕食者を発見しやすくなり、1個体あたりが狩り行動に費やす時間が短くなるという利点が生まれます。

また、サクラの木や、庭木をよく見たら、1枚の葉の裏にびっしりとケムシがついていて驚いた経験は皆さんもおありだと思いますが、この行動にも利点があります。ケムシの群れの中には、葉を噛む力が弱い個体と強い個体がいます。歯の丈夫な個体が葉の端の硬い部分を噛んでくれることで、噛む力が弱い個体は、より柔らかい葉の中心部を食べることができ、兄弟全体の生存率が高まります。

さらに、群れでいることによって、生殖の機会が増え、安定して子育てをすることができます。広大な自然の中で生活する生物にとっては異性に出会うことは簡単なことではありません。特に移動能力が乏しい生物にとっては、異性に出会えず、繁殖の機会を逃してしまうことも往々にして起こりえます。

ガーターヘビは、岩の亀裂に潜んで冬を越します。その数は、1万匹もの集団になることもあります。春になって冬眠から覚めると、オスが先に岩から出てきて、メスを待っており、求婚が始まります。ヘビ以外でもオスの蚊が群れを作る蚊柱やニホンヒキガエル、鳥類の形成するレックなどはオスとメスの出会いの確率を上げる効果があります。

しかし、「群れ」を形成するのは、このような進化的な意味と、メリットがある場合に限られているとは、一概には言えない例もあります。

本能ではない「群れ」を形成するブラインシュリンプ

フランスの研究チームがエビの群れに関する興味深い研究を発表しました。ブラインシュリンプというエビの「群れ」には、寄生虫に動きを制御され群れを形成させられるケースもあることを発見したのです。

このブラインシュリンプは最大でも約1ミリ程度の小さなエビで、日本では「シーモンキー」の名で知られ、一時期はペットとして流行したのを覚えておられる方も多いのではないでしょうか。

小型の甲殻類で世界各地の塩水湖に生息し、1億年前から変化していない生きた化石です。また、卵は長期間乾燥に耐えることができ、飼いやすさとその姿のおもしろさから愛玩用・観賞用にも販売されています。

このフランスの研究チームは2種のブラインシュリンプについて研究し、普段は単独行動を取るこの2種が、なぜ群れを形成するのかを調べました。

多くの草食動物のように捕食者から逃れるためでしょうか？　しかし、ブラインシュリンプの生息地の多くは内陸塩水湖であり、水中での捕食者はいません。

集団で生殖をしている可能性も考えられましたが、単為生殖も可能なこの種は生殖のために集まっているとは思えません。

サナダムシが操るブラインシュリンプの群れ

これまでの研究で、ブラインシュリンプに感染したサナダムシがこの宿主にいろいろな影響を与えることはわかっていました。

サナダムシは人間にも寄生するテニア科や裂頭条虫科の扁形動物の総称です。扁平な体でしめんのような形で成長すると、腸の中で10メートルにもなる寄生虫です。

このサナダムシに寄生されると、ブラインシュリンプは、体色が透明から赤に変化したり、去勢されたり、寿命が長くなったり、より栄養吸収が良くなったり、群れを作る行動を促されたりします。

このサナダムシは、ブラインシュリンプが中間宿主で、最終宿主はオオフラミンゴです。つまり、フラミンゴの体内にたどり着かない限り繁殖することができません。

ブラインシュリンプの体内に入ったサナダムシは、寄生した個体がフラミンゴに見つかりやすいように、体色を目立つ赤に変化させ、さらに群れを作らせて真っ赤な集団となって、何メートルにも広がり、最終宿主であるフラミンゴに食べてもらい、体内に入り込むのです。

サナダムシ以外にも寄生されているブラインシュリンプ

フランスのチームが研究対象としているブラインシュリンプ2種には、このサナダムシ以外にも他の寄生者がいます。それは2種の微胞子虫（びほうしちゅう）です。論文を読んでいる私も登場生物が多すぎて混乱してきましたので、登場生物を少し整理してみましょう。

宿主　ブラインシュリンプ2種（A. franciscana と A. partbenogenetica）
寄生者1　サナダムシ1種（*F. liguloides*）
寄生者2　微胞子虫（*A. rigandi*）
寄生者3　微胞子虫（*E. artemiae*）

登場生物はこの5種類です。自然界では、すべての宿主にこの3種類の寄生者が存在するわけではなく、単感染、2重感染、3重感染、非感染といろいろなブラインシュリンプが存在しています。

ここで初めて登場してきた微胞子虫の説明を簡単にしたいと思います。

微胞子虫（*Microsporidia*）は、「虫」という字が入っていますが、いわゆる虫ではありません。胞子で増えることから考えると、どちらかというとカビなどの菌類に近い生物です。大きさはとても小さく1〜40マイクロメートル程度、さまざまな動物の細胞内に寄生する単細胞真核生物で、昆虫、甲殻類、魚類、人を含む哺乳類などに感染します。

そして、サナダムシとの決定的な違いは、微胞子虫はブラインシュリンプの細胞内に感染しているという点です。サナダムシは細胞の外側に生息しているだけです。

微胞子虫にも操られていた

２０１３年に発表された論文では、２種のブラインシュリンプが、サナダムシ以外の寄生虫である微胞子虫にも行動を操られ、群れを形成し、水面近くを泳いで捕食されやすい行動を取るよう促されていることがわかったのです。

サナダムシの方は、ブラインシュリンプ2種のうちA. partbenogeneticaにしかその行動を促しませんが、微胞子虫はブラインシュリンプ2種をコントロールする能力があることが明らかとなりました。

この3種の寄生体に寄生されたブラインシュリンプが群れを形成することは、体内にいるサナダムシや微胞子虫の次なる宿主への伝播効率を増加する効果しか持たないように思いますが、実はそこには利点と欠点が存在しています。

生物の世界ではさまざまな生物同士が複雑に相互作用しながらせめぎ合って生きています。その中で、この戦略なら絶対に一人勝ちできるというルールはありません。何かを得るために必ず何かを犠牲にしている場合が多いのです。そのことを生物学では「トレードオフ」と呼び、さまざまな生物の戦略でこのトレードオフが見受けられます。

例えば、生物が卵を産む場合、数が多ければ多いほど子孫が確実に残せるとも言えます。もう一方の考え方としては、卵の数を増やすよりも大きい卵の方が生存率は高くなるから、子孫を残しやすくなるとも考えられます。しかし、1個体が卵を作るために利用できるエネルギーには限りがあります。卵を大きくすれば、たくさんの数を作るのは困難になります。つまり、この場合、「卵の大きさ」vs「卵の数」というトレードオフになります。卵を大きくすれば、数を少なくしなければならず、数を多くすれば、卵の大きさは小さくなっていきます。さまざまな生物種では卵の大きさと数は異なります。各生物で、生き残る子の数が最大になるように進化してきたと考えられています。

話をブラインシュリンプに戻しましょう。ブラインシュリンプの体内にいる寄生者の戦略にもこのトレードオフが存在しています。サナダムシにとって群れを形成させる利点は、フラミンゴに見つけやすくさせ、食べられることで最終宿主に到達する確率を上げられるということです。では、不利益は何かというと、寄生されたブラインシュリンプが群れになることによって常に他のサナダムシや2種の微胞子虫との重複寄生になりやすくなるということです。群れで動くサナダムシに寄生されたブラインシュリンプを1羽のフラミンゴがたくさん食べてしまった場合、フラミンゴの体内の吸収できる栄養と居住空間は限られているため、サナダムシ同士や微胞子虫同士で栄養を奪い合う競争が起き、せっかく最終宿主に到達したのに、寄生者同士での戦いに敗れてしまうかもしれません。

この論文では、室内でおこなわれた伝播実験によって、微胞子虫に感染した個体の水面を泳ぐ行動は自己の伝播率を上昇させるが、他の寄生者との重複感染の確率は下げていることがわかりました。

また、サナダムシはフラミンゴの腸で生きられる生物なのですが、微胞子虫は鳥の体内で消化されず、どうやって生き残るかについては明らかになっていません。

コラム

人に感染するサナダムシ

この章でご紹介したフラミンゴを最終宿主とするサナダムシとは種は少し違いますが、人に寄生するサナダムシもいます。

このサナダムシはどのようにして寄生するのでしょうか。

まず、サナダムシに寄生された人が川などで排泄し排卵し、ミジンコがその卵を捕食し、それを食べた魚に寄生し、その魚を生で食べた人に寄生するというサイクルで回ることが多いです。また寄生された人の人糞を肥料にして育てた野菜をよく洗わずに食べた人に寄生することもあります。人に感染すると、サナダムシは人間の腸内で、数週間かけて15メートルの長さにまで成長します。そしてそれは何年にもわたり生存します。人はサナダムシにとっての最終宿主ですので、サナダムシが腸にいても多くの場合そこまで悪影響はありません。

そのためか、サナダムシを腸内で飼って余分な養分をサナダムシに吸収してもらってダイエットをする「サナダムシダイエット」があります。オペラ歌手であるマリア・カラスは西洋産のサナダムシの卵を飲んでダイエットをしたそうです。彼女はそれまでにいろいろなダイエット方法を試みて、そのどれも効果がなかったそうなのですが、サナダムシを体内で飼うサナダムシダイエットは効果的で、最高105キロもあった体重が55キロまで減ったということです。そして、もちろん日本では、合法的に売買されてはいませんが、ネット上ではウシの腸にいるサナダムシや、カギナシサナダ（無鉤条虫）と呼ばれる寄生虫などが出回っているようです。しかし、人を最終宿主としないサナダムシはとても危険です。人が最終宿主ではないため、腸以外の他の部分に感染していくこともあり、数週間から数ケ月にわたり卵を全身に産み付けてしまうことがあるのです。

2014年には脳内からサナダムシが発見されたという次のようなニュースもありました。イングランドのイースト・ミッドランズに住む中国人男性（当時50歳）は、4年前から、頭痛や記憶障害、嗅覚の欠陥などを訴え通院を続けていました。MRIの検査では、〝腫瘍でない何か〟が確認されていましたが、何かがわからず医師も手の打ちようがありませんでした。しかし、脳を撮影する度に移動する物体だったため、寄生虫の可能性を疑い脳を開けて手術をしました。その結果、全長1センチのサナダムシが見つかったのです。脳の中に4年もの間、サナダムシを飼っていたなんて、ぞっとしたニュースでした。

日本は衛生的な国であり食の安全という観点でも先進的であるため、日本産のサナダムシは絶滅したと言われています。しかし、海外ではいまだに存在しています。そのため、海外旅行の際や、輸入された生肉、生魚などにはその危険性が残っています。

実際、私も海外に行った際には、生の野菜や魚は口にしないように気を付けています。

12 脚が増えるカエル

１９９５年以来、北米ではカエルやサンショウウオなど60種以上の両生類について奇形個体が見つかり、大ニュースとなりました。奇形の両生類の発見地も46の州に及び、一部の地域個体群では、全個体の80パーセントに異常が見られたのです。奇形は脚の部分に発生しており、後肢(こうし)が全くなかったり、ただの痕跡になっていたりするようなカエルが同じ池から相次いで発見されています。

これらの奇形は、両生類の正常な発生過程で生じるものではありません。それまでの研究では、突然変異や損傷、発生上での異常などによって、どんな集団においても一部の個体には低い割合で奇形が生じますが、脚や指の欠損がある個体は集団の５パーセント以下にすぎず、脚の数が余分にあるような奇形は極めて珍しいこともわかっています。

この現象の原因として地上への紫外線照射の増加や化学物質による水質汚染、寄生虫の伝染が次々に候補に挙げられてきましたが、１９９９年に、コロラド大学ホルダー校の生態学者ピーター・ジョンソンらがその奇形の原因を突き止めました。

その主な原因となっていたのは、なんとリベイロイア（*Ribeiroia ondatrae*）という寄生虫でした。

宿主の脚を奇形にするわけ

リベイロイアもこれまでご紹介した寄生虫と同様、宿主を転々としなければ生きられない生物です。リベイロイアの宿主となるのはカタツムリ・カエル・鳥です。

最初に寄生するのは、アメリカ西部の湿地に多く生息するカタツムリの一種ラムズホーンです。リベイロイアはこのカタツムリの体内に入ると無性生殖で自身のクローンを作成していきます。寄生されたカタツムリは自己の生殖機能を失い、死ぬまでリベイロイアのクローンを生み出すマシーンのようになります。

そして、カタツムリ1個体から何百もの水中を泳ぐことができるリベイロイアの幼虫が排出され、次の宿主であるオタマジャクシにたどり着きます。

幼虫がオタマジャクシを見つけると、その皮膚を食いちぎりオタマジャクシの体内へと侵入します。このときリベイロイアはオタマジャクシの、やがてはカエルの手足になっていく細胞に寄生します。これが、まさにカエルの脚の奇形の原因となっていました。寄生されたオタマジャクシが成長するにつれ、嚢胞が寄生部分に発生していき、カエルの脚は数が増えたり減ったりし奇形になっていたのです。

脚の本数がいびつになったカエルはうまく泳いだり、跳んだりすることができなくなります。これこそが、リベイロイアの戦略です。リベイロイアはカエルの体内からサギ科の鳥の体内に移動しなければ繁殖することができません。そのため、自分が寄生したカエルが鳥に捕食されやすくなるように脚を奇形にし、うまく逃げられないようにするのです。こうして、リベイロイアは最終宿主である鳥の体内に高確率で侵入し、有性生殖をおこなうことができるというわけです。

そして、鳥の体内で大量に卵を産み、鳥の糞と共にリベイロイアの卵は再び水へ帰り、カタツムリの体内に侵入していきます。

寄生虫拡散の原因とは

リベイロイアは元々北米に生息していた寄生虫です。そして、低い密度でリベイロイアに寄生されているときは、カエルの奇形はほとんど引き起こされないこともわかっています。しかし、1995年以降になると、リベイロイアの数は急激に増加し、水中に高密度に存在するようになりました。その結果、高密度で寄生されたカエルの脚が奇形になっていました。

リベイロイアの急激な増加の背景には、人間の活動が大きく関係していると言われています。

例えば、リベイロイアが最初に寄生するカタツムリ（ラムズホーン）は藻類をエサにしています。農地や工業地帯から湿地へ流れ込む排水には肥料となる栄養分が含まれるため、藻類の成長が促進されてしまいます。そしてラムズホーンのエサである藻類が多くなればなるほど、ラムズホーンが増え、それに寄生するリベイロイアも増えてしまいます。

実際、北米では川から大洋へ流出するリンの量は、農業の工業化以来、3倍に増大していました。

リベイロイアとカエルの奇形との因果関係について明らかにした研究チームは、水質の汚染とリベイロイアの個体数の増加についても研究しています。

汚染されていないきれいな湖水と、肥料の成分であるリンを加えた汚染された湖水という2種類の実験池を準備します。その中にはカエル、カタツムリ（ラムズホーン）、水藻も入れておきます。

その結果、リンを加えた実験池では水藻も成長が早くなり、それに伴って水藻を食するカタツムリは大きくなり、産卵数も多くなっていました。これにより、リンが、カタツムリに寄生するリベイロイアの数を増加させる要因となっていたことが明らかになりました。

リベイロイアは鳥の糞中に含まれる卵が水中に落ちてから、12時間以内にカタツムリに見いだされなければ孵化することができず、死んでしまいます。しかし、高密度で寄生可能なカタツムリがいる湖では格段にその生存率が上がるのです。

実際、リンを含んでいる実験池では、カタツムリのバイオマスが50パーセント増加し、そして寄生されているカタツムリは2倍になり、カエルの寄生率は2〜5倍にまで増大していました。

13 巣を乗っ取り、騙して奴隷としてこき使う寄生者たち

アリといえば、イソップ物語の「アリとキリギリス」で描かれているようなイメージがぴったりの働きものです。この物語では、夏の間中、アリたちはせっせと働き続け、冬の食料を巣に蓄えており、その脇でキリギリスは働かずにバイオリンを弾き、歌を歌って楽しく過ごしています。そして、冬が来ると、周りには食べ物がなくなっており、キリギリスは、アリに食べ物を分けてもらえないか頼みます。しかし、アリは「夏には歌っていたんだから、冬には踊ったらどうだい?」と意地悪なことを言い、食べ物を分けることを拒否し、結局キリギリスは飢え死にします。

確かに、アリたちは働きもので、連帯を組んで食べ物を巣に運ぶイメージが強いでしょう。また、多くのアリは、役割と仕事が割り当てられていることが多い社会性昆虫です。アリは成虫になると、「女王アリ」「働きアリ」「兵隊アリ」「オスアリ」と分化していくのが一般的です。このような社会性を持つ種では、オスアリと女王アリが交尾をすると、その後、女王が単独で巣を作り、産卵します。そして、孵化した子が成長すると働きアリとなり、その後は女王が働

きアリを産み続けることで、群れは大きくなっていきます。そして、女王アリは普段、メスしか産まず、「働きアリ」と「兵隊アリ」はすべてメスです。働きアリの仕事は多岐にわたり、女王の世話、卵と幼虫の世話、外でエサを探し、運搬し、巣の中に食料を蓄える、巣の掃除などの役目を果たしています。

自分では働かないアリ

しかし、「サムライアリ」というアリは、このようなアリとは異なり、名前からもわかるよ

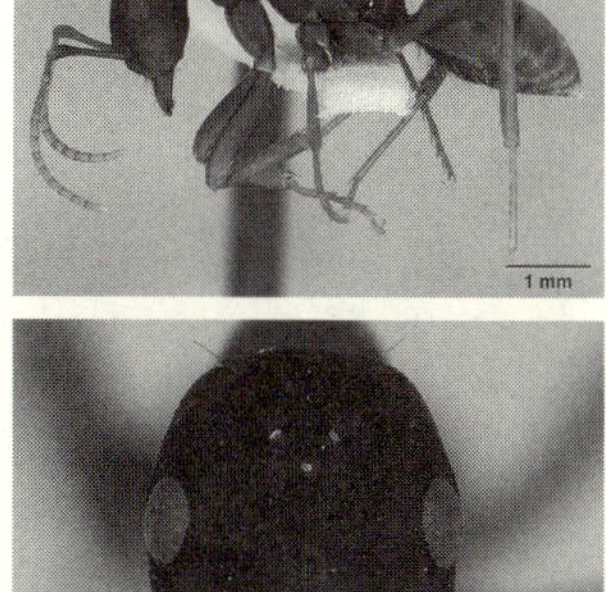

[図13-1] サムライアリの大アゴ（写真：April Nobile／©Antweb.org.）。

うにお侍さんのように下働きはしないのです。

サムライアリは沖縄以外の日本の全国で見られ、体長は5ミリ程度で黒褐色のいわゆる普通のアリの外見をしていますが、他のアリに比べて、大アゴが鎌状に長く発達しているのが特徴的です（図13-1）。

このサムライアリは、自分では働きません。では、誰が食料を集めたり、幼虫や女王の世話をしたり、巣の掃除などをするのでしょう。なんと、他のアリを騙し、誘拐して、奴隷のように働かせ、自分の世話をさせているのです。これまで見てきた寄生関係は全くの別種同士の寄生・共生関係でしたが、サムライアリは、自分たちと系統的に種が近いヤマアリ属の働きアリを騙したり、誘拐したりします。このように、宿主の体内に寄生し、直接栄養を得るのではなく、宿主がエサとして確保したものをエサとして得るなど、宿主の労働を搾取する形の行動を取ることを「労働寄生」と呼びます。

女王1匹で巣を乗っ取り、元の女王に成りすます

交尾を終えたサムライアリの女王アリは子どもを産みます。普通のアリであれば、その子どもたちが「働きアリ」となり、女王と子どもの世話をしますが、サムライアリは自分のことは何一つできません。自分の子どもを育てることも自分ではできないのです。そこで、自分の子

どもの世話をしてくれるアリを見つけようとします。サムライアリの世話をできるのは自分とごく近縁のクロヤマアリです。サムライアリはクロヤマアリの巣を見つけると、たった1匹で乗り込んでいきます。普通、アリが他の巣に乗り込むときは、働きアリや兵隊アリを引き連れて集団で戦いを挑みます。侵入するクロヤマアリの巣には働きアリも兵隊アリもうじゃうじゃいます。それでも臆さず、産卵を控えたサムライアリの若い女王は、単独でクロヤマアリの巣に侵入していきます。

当然、クロヤマアリの働きアリたちは、サムライアリの女王が巣に侵入すると、それを阻もうとつかみかかり、咬みつこうとします。しかし、クロヤマアリのアゴはサムライアリに比べると小さく、力も弱いため、戦いにおいては不利です。一方、サムライアリの女王は大きな頭部に、鎌のように鋭い強靭なアゴを持ち、自分に襲いかかってくるクロヤマアリたちを蹴散らしながら前進し、巣の奥で守られているクロヤマアリの女王の部屋を目指します。

クロヤマアリの女王を見つけたサムライアリの女王は、その強いアゴで、相手の女王の体中の至るところを20分以上にわたって咬み続けます。相手の女王も必死で抵抗しますが、サムライアリの女王には歯が立たず、咬まれた傷からは体液がどんどん染み出し、死んでしまいます。

サムライアリの女王は、相手の女王を殺すだけではなく、咬み傷から染み出した体液を舐めたり、自分の体に塗りつけたり、相手の体の表面についているワックスも自分の体に塗りたくるのです。これが、今から起こるマインドコントロールのための準備なのです。

昆虫の体表面には炭化水素の混合物であるワックス状の成分がついています。アリなどの社会性昆虫の場合、同種であっても巣が異なるとワックスの成分組成が異なり、自分の仲間かどうかを見分けるために利用されています。

長時間にわたる女王同士の戦いの後、驚くべきことが起こります。先ほどまで、殺気立って攻撃してきたクロヤマアリの働きアリたちは急におとなしくなり、サムライアリの女王に静かに近づくと、これまで自分たちの女王にしたようにグルーミングを始めるのです。まるで、自分たちの女王と間違えているかのようです。サムライアリの女王は、先ほど殺した相手の女王のワックスと体液を身にまとい、侵入者であるにもかかわらず、うまくクロヤマアリを騙してそのままその巣の女王アリとして君臨します。

エサを口移しでもらい、子どもを育てさせる

クロヤマアリの巣を乗っ取ることに成功したサムライアリの女王は、食事さえも自分の力だけではすることができません。サムライアリは戦いのためには有効な力強いアゴを持ちますが、自身で固形の食料を嚙むことができません。そのため、食事はクロヤマアリが咀嚼して吐き戻した液体を口移しで食べさせてもらいます。

そうして、別種のアリから栄養をたくさんもらったサムライアリの女王は、乗っ取った巣でゆっくりと産卵をします。クロヤマアリの働きアリは、サムライアリの女王を自分たちの女王だと勘違いしているため、何の血縁関係もないサムライアリの女王の産んだ卵を大切に育てます。この巣では、すでにクロヤマアリの女王は殺されているので、孵化するアリはすべてサムライアリです。そして、自分だけでは食事さえできない、サムライアリの働きアリたちがどんどんと生まれてきて、クロヤマアリたちはサムライアリの世話に明け暮れることになります。

しかし、クロヤマアリの寿命は1年程度のため、徐々に自分たちの世話をしてくれる奴隷の数は減っていきます。

奴隷が足りない！　奴隷狩りだ！

自分たちだけでは何もできないサムライアリの働きアリは、奴隷が足りなくなってくると、新たな奴隷を連れてくるための奴隷狩りに出かけます。サムライアリの働きアリは数百から数千の連帯を組んで他のクロヤマアリの巣を襲います。襲われたクロヤマアリはもちろん反撃しますが、戦いに関してはサムライアリの方が上手(うわて)です。鋭い大アゴで、敵をなぎ倒し、その巣の中からクロヤマアリの蛹や幼虫を略奪して、自分の巣に持ち帰ってくるのです。

持ち帰ってきたクロヤマアリの幼虫や蛹の世話をしてくれるのは、もちろん元の巣にいるクロヤマアリの奴隷たちです。そうして誘拐されてきたクロヤマアリたちも成長すると、同じ巣にいるサムライアリを自分の家族だと思い込み、せっせとサムライアリの世話をするようになるのです。

このようにサムライアリたちは定期的に奴隷狩りをおこない、子育てや、エサ集め、食事に至る生活のすべてを奴隷に頼りきって生きていくのです。

このように他種の巣を乗っ取って新しい巣を立ち上げる習性はトゲアリ、アメイロケアリ、クロクサアリなどでも知られています。また、スズメバチ科で唯一見つかっているのがチャイロスズメバチによる労働寄生です。

同じように他の巣を乗っ取るスズメバチ

チャイロスズメバチはスズメバチ属（*Vespa*）で唯一の労働寄生をおこなう種です。しかし、先にご紹介したサムライアリほど自分自身で何もできないわけではありません。子育てのみを他のハチにおこなわせます。チャイロスズメバチの女王が単独で他のスズメバチの巣に入り込んでその巣を乗っ取り、自分の子どもの世話をさせるのです。

チャイロスズメバチは、女王バチは30ミリ、働きバチは17〜24ミリほどで、スズメバチとしてはさほど大型でもなく、その体色も赤茶のごく普通のスズメバチという風貌です（図13-2）。

チャイロスズメバチの女王は他のスズメバチと比べて、越冬からの目覚めは遅く、かなり暖かくなった5～7月に目覚めます。なぜなら、他のスズメバチの女王の巣作りがある程度まで進んでいる方が、巣を乗っ取ってからの巣作りの仕事が少なくなるため都合が良いからです。

ゆっくりと目覚めたチャイロスズメバチの女王がまずおこなうことは、キイロスズメバチやモンスズメバチの巣に単独で侵入することです。もちろん、侵入された相手のスズメバチも抵抗しますが、結果的にチャイロスズメバチは相手の女王を殺して巣を乗っ取ることに成功します。

[図13-2] チャイロスズメバチの女王（写真：Yasunori Koide,2016）。

女王を殺されたモンスズメバチは、その後、別種であるチャイロスズメバチの女王のために子育てをし、その命が果てるまで仕え続けます。そして、時間と共にチャイロスズメバチの数が多くなり、最終的にはチャイロスズメバチのみの巣になります。そして、また冬が来る前に、オスと越冬女王が生産され、目覚めた女王は、新たな巣を乗っ取るために飛び立っていくのです。

近年まで、なぜこの巣を乗っ取った女王が、その後すぐに別種のハチに受け入れられ奴隷化できるのかは謎のままでした。このような労働寄生をする場合、相手を騙す手段としては2つの戦略が知られています。一つは、先のサムライアリのようにワックスなどの体の表面の化学組成を相手から頂戴したり、真似したりすることで相手に仲間だと思わせる方法です。もう一つは、自分が化学的に何も持たず無臭化することです。

2008年におこなわれた研究では、卵と成虫の表面炭化水素組成をスズメバチ間で比較することで、チャイロスズメバチがどのような化学的戦略を取っているのかがわかってきました。分析の結果、チャイロスズメバチの体表の炭化水素組成は、相手方の宿主であるスズメバチのものとは似ていないことがわかりました。では、相手に似せていないのであれば、体表の炭化水素組成を少なくして、「無臭化」させているのかというと、それも違いました。チャイロスズメバチの体表の炭化水素量が他のスズメバチと比べて少なく、臭いがないわけではなかったのです。

唯一違いが見られたのは、メチル側鎖のついた化合物の量でした。他の多くのスズメバチに比べてチャイロスズメバチではその化合物の量が明らかに少なくなっていたのです。このメチル側鎖のついた炭化水素というものは、ミツバチやアシナガバチなどで、仲間かどうかを認識するために特に重要であることがわかってきています。つまり、チャイロスズメバチは、臭い物質全体の量は変化させず、仲間認識において最も重要な一部の化合物だけを少なくさせ、化学的に「無臭」になっているのではないかと予想されています。

サムライアリは相手の女王を殺してその体臭をまとい、チャイロスズメバチは自己を無臭化することで、相手を欺きます。つまり、巣を乗っ取り、相手を騙して仲間だと思い込ませるという類似した寄生行動をする場合でも、その方法と戦略は種によって全く異なっているのです。

14 自分の子を赤の他人に育てさせるカッコウの騙しのテクニック

自分で子育てをしないのはアリやスズメバチなどの昆虫だけではありません。子育てというのは、親にとっては膨大な時間と労力を必要とするものであり、これを他人の労働によっておこなう托卵(たくらん)は「brood parasitism（卵・育児寄生）」と呼ばれ、寄生という形態の一種とも言われています。

托卵とは、卵の世話を他の個体に托する動物の習性のことです。托卵という行動において最も高度にその習性を発達させているのはカッコウです（図14-1）。

カッコウという鳥はカッコウ目カッコウ科で体長35センチほどです。ユーラシア大陸とアフリカで広く繁殖し、日本には夏鳥として5月頃飛来します。繁殖期にオスは「カッコウ！　カッコウ！」と特徴的な鳴き方をするため認識しやすく、日本人にとってはなじみ深い鳥の一種です。そのカッコウが自分の卵を托すのは体長が20センチほどのオオヨシキリなどのカッコウよりかなり小さい鳥です。

ここでは、赤の他人に自分の子どもを育てさせるカッコウの巧みな騙しのテクニックをご紹介したいと思います。

まずは托卵相手を厳密に選ぶ

カッコウは誰かれ構わず托卵をするわけではありません。相手をじっくり選んで托卵しているのです。カッコウの托卵相手の選び方にはいくつか条件があります。まず、托卵相手が自分と同じ食性であることです。自分の子どもが無事に孵化しても、仮親からもらえるエサの種類が違えばカッコウの雛が順調に生育しないためです。

[図14-1] カッコウの成鳥（写真：Dibyendu Ash,2016）。

そして、托卵相手の鳥は自分よりも体が小さいという条件もあります。動物全般に言えることですが、体が大きければ大きいほど必要となるエネルギーも多く個体数は少なくなります。逆に、体が小さい動物は数を多く増やすことができ、高密度で生息することが可能です。つまり、体の小さい鳥は高密度で存在しており、巣もたくさんあり托卵のチャンスが増えます。

また、小さい鳥に托卵する場合、相手の鳥の卵の大きさに似せて産み落とすため、卵は小さくなります。小さい卵にすれば、大きい卵を作るよりエネルギーを節約することができ、それだけ数多くの卵を産むことができるのです。

自分より体が小さい相手を托卵先として狙うのにはもう一つ大切な理由があります。カッコウの雛は孵化した後、仮親の卵や雛を巣外に放り出して、仮親からもらうエサを独り占めします。この行動を成功させるためには相手の鳥が小さい方が効率的です。

実際に、カッコウが托卵をするのは、自分と同じ昆虫を主とした動物食で、さらに自分よりもはるかに体が小さいオオヨシキリ、ホオジロ、モズ、オナガなどです。

一瞬の隙をついて卵を紛れ込ませる

カッコウはオスとメスの協力プレイによってこの詐欺行為をおこないます。まず、托卵できそうなオオヨシキリの巣を探します。そして、狙いを定めたオオヨシキリが産卵をおこなうと、カッコウもその同じ巣に自分の卵を産み落とそうとチャンスが来るのをじっと待ちます。

しかし、産卵をしたオオヨシキリは卵を抱いて温めているため、滅多に巣を離れようとはしません。それでも、時々はエサを食べるために少しだけ巣から離れるときがあります。カッコウはその一瞬の隙を狙っているのです。

見張りの仕方も狡猾で、一度でもオオヨシキリに見つかってしまえば、警戒されてしまうため、オオヨシキリの巣を見張るのは少し離れたところからおこないます。しかも、オスとメスが交代制で相手に気づかれないように見張ります。

そして、ターゲットの親鳥が巣から離れた瞬間、「カッコウ！ カッコウ！」とオスが鳴くことでメスに知らせます。オスの合図を聴いたカッコウのメスは素早く親鳥のいなくなった巣に降り立ちます。

托卵相手の巣に降り立ったカッコウのメスは、まず、相手の卵を1つくちばしに咥えます。産んだ後に抜き取ってもよいように思えますが、先に咥えておいて、それから自分の卵を産み落とします。この理由は、カッコウの卵と仮親の卵の外見が非常に似ていることが多いため、間違って自分の卵を除いてしまう危険を避けるためだと考えられています。そして、産卵後にカッコウは咥えていた仮親の卵は食べてしまいます。

この、カッコウのオスの合図を聴いてから、標的の巣に降り、相手の卵を抜き取り、自分の産卵をするという一連の行動は無駄なく素早く、たった10秒程度の間におこなうことができます。こうして巣の持ち主が戻る前に、カッコウの卵が他人の巣に入り込んでいるのです。

カッコウが産卵の際に仮親の卵を抜き取るという行動は、卵の数を合わせて仮親に卵を紛れ込ませたことを気づかれないようにするためと考えられていましたが、実験的に巣内の卵を1、2個増やしても仮親は変化に気づきません。では、なぜこのような行動を取るのでしょうか。

一つの仮説として、仮親に卵を食べに来たただの侵略者だと思わせて、托卵したことを悟らせないためではないかというものがあります。またもう一つの仮説は、かつてカッコウの祖先が仮親の雛と一緒に育つ習性を持っており、その習性の名残によって卵の数を合わせているのではないかというものです。つまり、1つの巣の卵数は親鳥が育てることができる最大の数になっている傾向があるので、巣内の卵数を厳密に守る意味合いがあるのではないかということです。

カッコウの雛は先に孵化し、他の卵を抹殺する

こうして仮親の巣に紛れ込んだカッコウの卵は仮親によって毎日温められ、10～12日後に孵化することになります。カッコウの孵化は早く、同じタイミングで仮親が産卵していた場合、カッコウの卵の方が1、2日早く孵化します。自分だけ、一足早く孵化したカッコウの雛は、

まだ目も見えておらず、羽も何もない状態にもかかわらず、同じ巣にある仮親の本当の子どもたちの卵を背中に乗せてうまく巣の外に出していくのです（図14-2）。

何も仮親の子どもたちをすべて殺さなくてもいいのではないかと思いますが、カッコウにとって仮親の子どもは邪魔者でしかありません。カッコウは先にも述べましたが、仮親よりもかなり大きな鳥であるため、成長するためにはかなりの量のエサを必要とします。親からもらうエサを独り占めしなければ、生き残れないかもしれません。また、仮親の卵が次々に孵化し、雛が成長していったら、あまりにもカッコウの雛と本物の雛たちの姿形が違うために、仮親に

[図14-2] 孵化したばかりのカッコウの雛。背中に仮親の卵を乗せて巣の外に放り出そうとしている（写真：s.o.,2015）。

気づかれてしまうかもしれません。

　このような危険を回避するためにも、カッコウは先に孵化し、仮親の卵を抹殺するのです。しかし、カッコウの孵化が早いといっても、1、2日の差です。仮親の雛たちが先に生まれていることもあります。その場合でも、仮親の雛は、他の卵を巣の外へ落とす習性などないため、カッコウは後からでも、無事に孵化することができます。後から孵化してもカッコウの雛は、体が少し大きいため、仮親の雛たちを次々と巣の外へ追い出すことができます。

エサと愛情を独占

　このようなカッコウの雛の他者に対する排除行動は、孵化して3日間のみしかおこなわれません。それは正確にプログラムされており、つまり、この3日間で仮親の卵や雛をすべて排除しなかった場合は、飢え死にするか仮親に殺されてしまう危険性があります。

　そして、不思議なのは、仮親はカッコウの雛が自分の卵を巣から落とそうとしている間も、特に止めようとしません。仮親に隠れてこっそりとこの排除行動をしているわけではありません。仮親が巣にいる間も、カッコウの雛は仮親の卵を背中に乗せて巣の外に出そうと挑戦します。3日間、何度も何度も失敗しながらこの行動を繰り返し、その間、仮親は、カッコウの雛の行動をとがめるわけでもなく、ただ傍観し続け、カッコウの雛にエサを与え続けます。

このようにして、巣に1羽だけ残ったカッコウの雛は仮親からのエサを独占することができます。カッコウの雛の口の中は赤色で、大きな口をあけるとこの赤が目立ちます。この赤色は親鳥の給餌本能をかきたて、時には周辺で繁殖している別の鳥さえも給餌することがあるといいます。仮親とエサを独占したカッコウの雛は、すくすくと成長し、仮親の倍以上の大きさになり、巣からも完全にはみ出し、巣よりも大きな体になっています（図14-3）。この頃には、見た目も大きさも全く別種であることが一目瞭然ですが、雛の頃から育てている仮親はまだ洗脳されたままで、わが子と信じ、赤の他鳥の雛を守り、エサを与え続けます。そして、巣立ち

【図14-3】カッコウの雛にエサを与えるオオヨシキリ。明らかにカッコウの雛の方がオオヨシキリよりも大きく、巣から完全にはみ出している（写真：Per Harald Olsen）。

の日が来ると、カッコウは薄情にもさっさと飛び立っていきます。

托卵する鳥と仮親をする鳥の攻防

通常の鳥は繁殖期に4個程度の卵を産みますが、托卵性の鳥はその倍以上の10～15個程度の卵を産むことがわかっています。そして、托卵の成功例を見ると、カッコウの雛だけが生き残り、仮親の卵はすべて殺されてしまいます。このことが繰り返されていけば、すぐに鳥の世界は托卵する鳥ばかりが増えていきそうですが、実際にはそうはなっていません。

なぜなら、托卵による繁殖が成功すれば、仮親となる鳥の数が減ります。そうなると次の世代で仮親が見つからなくなり、托卵先がなくなります。そうして、今度は托卵する鳥が減ると、仮親の数が増えるという絶妙な自然界のバランスを繰り返しているのです。

また、その個体数のバランスだけでなく、仮親が攻撃したり、カッコウの卵を識別したりする能力を獲得して排除する場合もあります。

信州大学でおこなわれた研究で、カッコウと仮親にされる鳥の攻防戦が明らかになってきました。

日本では、数十年前までカッコウはホオジロに托卵をしていましたが、近年、ホオジロはかなり高い確率でカッコウの卵を見破れるようになり、托卵が失敗するようになりました。そこで、カッコウは托卵先を別種の鳥に変更し、今度はオナガに托卵するようになりました。オナガはこれまでカッコウに托卵された経験がなかったため、地域によっては托卵が始まって5年から10年で、オナガの巣の8割がカッコウに托卵されているという大被害を被っていました。そのせいで、オナガの個体数は5分の1から10分の1まで減少していました。このままいくと、オナガは絶滅へ向かってまっしぐらでしたが、オナガの方に次第に対抗手段が確立していったのです。

実験では、カッコウの剝製をオナガの巣の前に置いて、オナガがどの程度攻撃するか観察しました。托卵が始まって10年以内の地域ではほとんど剝製に対して攻撃しませんが、托卵歴の長い地域ほど攻撃性が強いことがわかりました。また、托卵開始から約15年も経った地域のオナガは、カッコウの卵を巣から取り除いたり、托卵された巣を放棄するといった対抗手段を確立しつつあることもわかったのです。

つまり、最初は騙されていたオナガですが、現在では托卵に気がつき、卵も見破れるようになり、巣からカッコウの卵だけ落としたり、カッコウが巣に近づくと攻撃したりするようになってきたということです。

しかし、カッコウ側も負けてはいません。2013年に発表された論文では、アフリカに生息するカッコウの一種（カッコウハタオリ）が、いかに根気よく執拗に托卵しているかが明らかになりました。論文によれば、カッコウのメスは、同じ仮親の巣に数回にわたり通い、1個ではなく、できるだけ多くの卵を産んでいました。頻度は、2日に1個程度でした。このように、同じ巣に複数のカッコウの卵を産むことで、仮親は混乱し、カッコウの卵を区別する認識機能も甘くなってしまい、カッコウの卵を選んで排除することができなくなってしまいました。

そのため、この地域で仮親にさせられるマミハウチワドリの巣の20パーセントに、カッコウの卵が産み付けられる状況になっているといいます。

それでも托卵する理由

このように、托卵という戦略は、仮親との攻防という絶妙なバランスのうえになりたつものですが、世界の約9000種の鳥のうち約1パーセントが托卵する鳥類です。これらの鳥たちはなぜ托卵という戦略を取っているのでしょうか。

日本のカッコウ属については恒温性があまり発達しておらず、体温がそのときの状態によって10℃程度変化するようです。そうなると卵を抱いて雛を孵すのは難しくなります。そこで、托卵という戦略を取っているという説もありますが、反対に托卵をし続けてきたため卵を温める必要がなくなり体温を一定に保てなくなったとも考えられます。托卵という不思議な生態についてはまだ謎が多く残されている状態です。

コラム

托卵する唯一の魚の驚くべき生態

[図14-4] アフリカのタンガニーカ湖に棲むナマズの一種（絵：J.Green,1898）。

托卵というかなりユニークな戦略は、最近まで、鳥にしか見られないものだと考えられてきました。しかし、1986年に魚でも托卵をする種があることを長野大学の佐藤哲らの研究チームが発見しました。その魚はアフリカのタンガニーカ湖に棲むカッコウナマズ（*Synodontis multipunctatus*）でした（図14-4）。托卵する相手は、「シクリッド」です。

このシクリッドは、一風変わった子育てをすることで知られています。子どもを親の口の中で育てるのです。このシクリッドのように一定期間親が子を自らの口の中で育てることはマウスブルーダー（mouthbrooder）と呼ばれ、魚類では淡水魚・海水魚問わずさまざまな種類の魚で見つかっている繁殖戦略です。一般に魚類では、卵は小さく無防備で、仔稚魚(しちぎょ)の時期も他の動物に捕食されやすいのです。そのため、親魚が自分の卵や稚魚を口の中で育てることで、外敵に卵を食べられる恐れはなくなり、仔魚になってからも、捕食される確率は大幅に下がります。

そのようにして、大事に自分の子どもを口の中で育てるシクリッドに托卵しようと狙っているのがカッコウナマズです。托卵の機会を狙うカッコウナマズ夫婦はシクリッドのメスの産卵中に割って入り、産卵をして、カッコウナマズの卵とシクリッドの卵を混ぜてしまいます。シクリッドは孵化前から卵を口の中に入れて、保護し孵化させるため、自分の卵とカッコウナマズの卵を両方口に含んでしまいます。

安全に守られた赤の他人の親魚の口の中で、托卵カッコウナマズは一足先に孵化します。そして、自分の卵黄がまだ残っているにもかかわらず、他のシクリッドの卵を食べ始めます。シクリッドの親魚はまさか自分の口の中で、自分の子どもたちの殺戮がおこなわれていることなど気づきもしません。そして、その後もカッコウナマズの子を大事に口の中で育てていくのです。仮親であるシクリッドに守られてすくすくと成長したカッコウナマズは、立派なナマズのヒゲを蓄え、仮親とは全く異なる姿形になって仮親の口の中から悠々と出ていくのです。

15 怒りと暴力性を生み出す寄生者

灼熱の太陽が照りつけ、拭いても拭いても汗がしたたる真夏の昼間。人の呼吸と体臭が入り交じった満員電車。いつもは30分で抜けられるところが3時間もかかるゴールデンウィークの交通渋滞。そんな場面に遭遇したら、誰しも少しイライラし、何にぶつけてよいかわからない怒りがふつふつとこみ上げてくるのではないでしょうか。その怒りには原因がありますが、場合によっては体内に潜む寄生者によって怒りと暴力性が生み出されることもあるのです。

それは狂犬病ウイルスです。このウイルスに感染した犬はウイルスに操られ口からよだれを垂らしながらうめき、攻撃的になり、他の人や動物を咬むことが多くなるのです。

ウイルスは生物か非生物か

狂犬病ウイルス（*Rabies virus*）はマイナス1本鎖RNAウイルス（single stranded RNA genome with negative-sense）で、ウイルスの粒子であるビリオンは弾丸のような形をした円筒形です。

この章では宿主を操る寄生者として初めてウイルスが出てきました。ウイルスは生物界ではとても微妙な存在です。ウイルスは生物というよりも物質に限りなく近い、生物と非生物の中間的な存在であると現在では認識されています。

ウイルスの構造はとても単純で、最も外側にあるのは「エンベロープ」と呼ばれる「殻」です。その中には「カプシド」という別の「殻」があります。カプシドはウイルスの遺伝子情報のDNAまたはRNAを包んでいます。かなり単純な作りです。ウイルスは自分の遺伝子情報しか持っていないのです。

通常、生物の細胞には核やミトコンドリア、ゴルジ体などといった構造があります。栄養を摂取したり呼吸をしたり、老廃物を排泄し、植物では光合成をおこなって自分の使うエネルギーを作り出すことさえできます。

ところが、ウイルスにはこういった構成要素が全くありません。呼吸も、代謝も排泄もエネルギーを生み出すこともしません。生物の細胞との唯一の共通点はDNAやRNAなど自分の遺伝子情報を持つということぐらいです。

生物は細胞分裂、生殖などいろいろな方法で、自分の複製を自力でおこなうことができます。しかし、ウイルスは単体では自己複製はできません。ウイルスは、他の生物の細胞に取りついて、その細胞の機能を乗っ取ってウイルスの複製を製造させているのです。つまり、複製・増殖は他の生物に頼ることしかできず、この点も生物とは全く異なります。

今回登場する狂犬病ウイルスはマイナス1本鎖RNAウイルスですので、遺伝子情報はRNAの状態で持っています。そして、ウイルスには「プラス鎖」「マイナス鎖」という種類があります。DNAやRNAは二重らせん構造をとることができますが、その2本鎖のうち遺伝子をコードしている方をプラス鎖、もう一方のプラス鎖と相補性のある方（遺伝子発現の際に鋳型となる方）をマイナス鎖といいます。つまり、狂犬病ウイルスは、「マイナス1本鎖RNAウイルス」ですから、RNAを遺伝子情報として持っていて、遺伝子をコードするプラス鎖の相補鎖の方を1本持っているウイルスとなるわけです。

古代から現代まで世界中で蔓延し続ける狂犬病ウイルス

狂犬病が犬から人に感染することは、少なくとも2000年以上前のバビロニア人には知られていました。

そして、医学が進歩した現代でも、狂犬病ウイルスはほぼ世界中に存在し、すべての哺乳類に感染することができ、発病した動物においては有効な治療法は皆無で、感染動物をほぼ100パーセント死に至らしめることができます。

そのため、毎年世界中で約5万5000人の死者を出している大変恐ろしい感染症の一つです。死亡者の95パーセント以上はアフリカとアジアに住む人であり、特に子どもは犠牲者となることが多く、咬まれた人の40パーセントは15歳未満の子どもです。

日本では1956年を最後に、国内での狂犬病の発生は見られていません。

しかし、WHOが発表した、狂犬病の世界分布図を見ると、発生が見られない国は、日本を含め10ケ国程度しかありません。狂犬病は発展途上国だけではなく、現代でも西ヨーロッパやアメリカなどの先進国でも見られる病気です。

狂犬病ウイルスは人を含むすべての哺乳類に感染しますが、その感染経路は犬から人への感染が大部分を占めます。

主となる感染源動物は地域によって異なるため、海外に渡航する際には犬以外にも気を付ける必要があります。どの地域でも犬は主要な感染源ですが、アジア、アフリカではネコも感染源となり、アメリカやヨーロッパではキツネ、アライグマ、スカンク、コウモリ、ネコが、そして、中南米ではコウモリ、ネコ、マングースなどが感染源になります。

傷口から感染し、脳にウイルスが移動していく

狂犬病ウイルスは、ほとんどの場合、感染した動物が次の標的動物を咬むことによって、その傷から次の宿主の体内に侵入します。また、まれではありますが、傷口や目・唇など粘膜部

を感染した動物に舐められた場合や、コウモリなどが飛ばした唾液が粘膜に入った場合、珍しいものでは、人から人への角膜移植などで感染した例もあります。

そうして、人や哺乳類に侵入したウイルスは、宿主にすぐに病気を発症させるわけではありません。ウイルスはその咬傷部位の筋肉内でまず増殖し、その後、神経に侵入します。ここから神経を伝わって、脊髄に入り、宿主の脳を目指します。そして、脳にウイルスが到達したときに発症します。

ウイルスの侵入口から宿主の脳に到達するまでの移動の速さは日に数ミリから数十ミリと言われており、比較的ゆっくりと体内を移動します。

したがって、感染してから発症するまでの期間はばらつきが大きく、一般的に、脳から遠い部位を咬まれた方が、潜伏期間は長くなり、発症率も低くなる傾向にあります。

犬では、約80パーセントが10日から80日で狂犬病を発症しますが、長いと1年以上かかる場合もあります。人では、約60パーセントが1～3ケ月で発症しますが、短い場合は10日以内、長い場合では7年という報告もあります。

なお、発症する前に感染の有無を診断することはいまだにできません。

脳に達し、宿主の行動を操る

脳に達した狂犬病ウイルスはそこで爆発的に増殖します。増殖したウイルスは、神経を下向して全身に広がり、他の部位でも増殖し、唾液、血液や角膜中に多量に見られるようになります。この頃になると、さまざまな神経障害が起こってきます。

狂犬病の特徴の一つに、口から泡を吐いてよだれを垂らす症状があります。これは、ウイルスが唾液腺と、ものの飲み込みに関連する神経を攻撃するために起こります。

また、狂犬病は「恐水症」という別名もあるように、水を恐れるようになります。これはウイルスの影響で筋肉が痙攣し、水を飲み込む際に激痛が走るからなのです。

そして、「狂犬病」と呼ばれるのは、このウイルスによって病気が発症すると、動物は凶暴になり、何にでも咬みつき、人や他の動物に咬みつくことが多くなるためです。この頃になると感染動物の唾液中にはたっぷりとウイルスが存在しており、新たな宿主を獲得するための十分な準備ができたウイルスは、宿主を凶暴に、攻撃的に操り、他の動物に咬みつかせ、ウイルスがたっぷり含まれた唾液から新たな宿主を獲得していくのです。

ウイルスは宿主を凶暴化させた後、血も涙もなく用無しになった宿主の体をむしばんでいきます。動物であれば牙は折れ、口の中が傷だらけになり、麻痺が始まります。麻痺は、脳から遠い後肢から始まり、バランス感覚がなくなって歩行もできなくなり、次第に全身に麻痺が広がり、昏睡状態に陥り100パーセントが死に至ります。

人においては、強い不安を感じるようになり、風の刺激を怖がる「恐風症症状」や、動物と同じように喉頭筋の麻痺により、水を飲む度にひどく苦しみ、やがて麻痺が全身に広がり、昏睡状態に入り、呼吸麻痺によって100パーセント死に至ります。

宿主を攻撃的にしない狂犬病ウイルス

狂犬病ウイルスは新たな宿主を獲得するために宿主を攻撃的にさせ、咬みつかせることで有名ですが、一部には「麻痺型」と呼ばれる他の動物を咬むことが少ない症状も見られます。ウイルスが唾液に含まれていることを考えると、宿主を攻撃的にした方が次の感染がより簡単になるように思えます。なぜウイルスにとって不利とも考えられる「麻痺型」が存在するのかは、よくわかっていないのが現状です。

実は「攻撃性」というのはとても複雑な性質であり、ストレスや遺伝による脳内物質のバランスなどが関係していると考えられていますが、人間でも動物でも攻撃性が何に起因しているのかは解明されていません。

しかし、実際、狂犬病ウイルスに感染すると、その宿主はとても攻撃的になります。その攻撃性はウイルスが何らかの方法で操作しているとしか考えられません。細胞機構も持たず、生物かどうかも怪しいウイルスがどうやって宿主を操り、怒りと攻撃性を引き出しているのでしょうか。ウイルスが攻撃する神経細胞と、ウイルスが改変する化学物質のいくつかが特定されたとする研究はありますが、断定には至っていません。

攻撃的でケンカ好きな猫に多い猫エイズウイルス

宿主の怒りと攻撃性を引き出すのは狂犬病ウイルスだけではありません。例えば、猫が感染するウイルスには、猫白血病ウイルス（FeLV）と猫エイズウイルス（FIV）があります。

猫白血病ウイルスは、感染猫の唾液、涙、尿、便、血液、乳汁に含まれるウイルスが、ケンカなどによる咬み傷、グルーミングや食器共有、感染した母猫などから感染します。ただ、感染力は弱く、1、2度、感染猫の唾液がついたぐらいでは感染しないとも言われているウイルスです。

人のエイズウイルスは性的接触や母子感染が主な感染経路ですが、猫のエイズウイルスの場合、ウイルスが唾液中に存在し、感染経路は咬み傷からがほとんどです。

そして、白血病と猫エイズウイルス感染症は病気のかかりやすさに性別の差があるのです。猫白血病ウイルスはオスでもメスでも病気のかかりやすさに違いはありません。しかし、猫エイズはオスが圧倒的にかかりやすいのです。なぜでしょうか。猫エイズウイルスはケンカなどによる咬み傷から感染しますので、ケンカ好きで攻撃的なオス猫がこのウイルスに感染した方がよりウイルスが広まる可能性があるからです。

　現在のところ、猫エイズウイルスに感染したオスの行動が操作されて、よりケンカをしやすくなっているかどうかについて検証された論文は発表されていませんが、狂犬病ウイルスのように、宿主の行動を操作する基盤があるのは確かだと言えるでしょう。

ネズミを攻撃的にさせ、咬むようにさせるソウルウイルス

また、ネズミのオスに感染するソウルウイルスの宿主操作の可能性をアメリカのサブラ・クライン博士が研究しています。実験に使ったのは、実験用のおとなしいマウスではなく、市街の路地にワナをしかけて捕獲した、野生のずる賢いネズミです。これらのネズミを捕獲した後、麻酔をして、血液と唾液を採取し、ネズミの体に傷跡があるかどうか毛皮を入念に調べました。

　調査の結果、その地区の路地にいるネズミの約半数がソウルウイルスに感染していることがわかったのです。年齢が上のネズミや傷口の多いオスほど、このウイルスの抗体を持っていて、その個体の唾液や排泄物にはウイルスがたくさん含まれていました。さらに、傷口の多いオスは、男性ホルモンの一種「テストステロン」の分泌量も多いことがわかりました。ネズミのメスはこのウイルスには感染しにくく、元々攻撃性は低く、調査したメスの場合も、傷口がソウ

ルウイルスの感染や伝染と関係していることはありませんでした。

しかし、感染したオスはウイルス感染によって攻撃性が増していたのです。実験用マウスにソウルウイルスを感染させたところ、ウイルスに感染したオスは自分のかごへの侵入者を攻撃したり、支配的な行動を取るようになります。もし、この行動変化の原因がウイルス感染による体調不良によるイライラなどであるなら、最もネズミの体調が悪くなる感染初期にその攻撃行動が強く見られるはずですが、こうした行動の変化は、ウイルスが体内で増殖し、次の宿主に伝播する段階でのみ起こるのです。

つまり、ソウルウイルスは、ネズミの男性ホルモンを増やし、体内でウイルスが増殖して伝播する段階になると、宿主をより攻撃的にさせ、次なる宿主を得るために咬みつかせるように操作しているのです。

他のウイルスにも、宿主を攻撃的にさせるものがいくつか見つかっています。例えば、ダニが媒介する脳炎ウイルスには、宿主であるげっ歯類を攻撃的にする傾向がありますし、単純ヘルペスウイルスもネズミにおいて攻撃性が高まることに関係しています。また、ミツバチを攻撃的にするRNAウイルスも存在します。このように、ウイルスは細菌や寄生虫といった他の寄生者よりも、宿主を攻撃的に変化させる操作をおこなうのが得意なようです。

16 操られ病原体を広めていく虫たち

蚊やブユ、ハエなどの吸血性の昆虫は、マラリアやデング熱、アフリカ睡眠病、オンコセルカ症など数多くの病気を媒介する「運び屋」としての役目を担っています。

マラリア症は、単細胞生物であるマラリア原虫（*Plasmodium spp.*）によって引き起こされる病気です。

マラリア原虫は脊椎動物の赤血球内に寄生して、蚊などの吸血昆虫と脊椎動物を行き来する複雑な生活環を持っています。分類学的にはプラスモジウム属（*Plasmodium*）の２００種のうち、少なくとも10種が人に感染します。

このマラリア原虫が体内に入り、赤血球に入り込むと、40℃近くの激しい高熱に襲われます。少しすると、熱は下がるのですが、48時間おき、あるいは72時間おきにこの激しい高熱を繰り返します。この周期的な高熱は、原虫が赤血球内で発育する時間が関係しており、原虫が血球内で発育し、他の血球に移動するためにそれまで棲んでいた赤血球を破壊するときに、発熱が起こります。

マラリアは現在、熱帯、亜熱帯地域の100ケ国以上に分布し、全世界で年間2・2億〜2・8億人の患者が発生し、死者数は年間200万人に上ると報告されています。日本人もかつては土着のマラリアに苦しめられていましたが、1950年代には撲滅しました。

そして、この恐ろしい病気をもたらす原虫を、頼んでもいないのにいそいそと人に運んでくれるのが「ハマダラカ」という蚊です。そして、この蚊は蚊の体内に潜む原虫によって操られ、感染拡大を手伝わされているのです。

マラリア症を引き起こす原虫を運ぶ蚊

蚊の血を吸うという行動は危険に満ちていて、もし相手に見つかれば叩き潰されてしまいます。そのため、蚊のオスもメスも普段は危険のない花の蜜を吸ったり、樹液を吸ったりしています。しかし、産卵するためには血が必要なため、産卵の時期が迫ったメスだけが動物に寄ってきて血を吸うのです。ですから、メスの蚊も産卵に必要な分しか血を吸いません。蚊の体内にいる原虫の立場からすれば、蚊が血を吸う回数が多ければ多いほど、たくさんの新たな宿主に侵入することができます。

そこで、蚊の体内にいる原虫はある作戦を実行するのです。蚊の体内で有性生殖をおこなって増殖した原虫は、蚊の唾液腺に集まってきます。このため、この蚊に吸血される際に蚊の唾液と一緒に大量の原虫が体内に送り込まれることになります。

　また、蚊は血を吸うときにはサイフォンのような口器から吸い上げ、蚊の唾液には血が流れやすくなるような物質が含まれています。しかし、マラリア原虫に感染した蚊は、唾液中に含まれるこの物質の量が4分の3になり、これにより血が吸い上げにくくなるのです。そして、一度で産卵に必要な量の血を吸えなかった蚊はイライラし、欲求不満に陥り、次なる獲物を探し何度も何度も血を求めて、人を刺すようになります。

　タンザニアでおこなった調査では、マラリアを媒介する蚊の血を採取して遺伝子の分析をしたところ、マラリア原虫を持つ蚊の22パーセントが、一晩に何人もの人間を刺していることがわかりました。マラリア原虫を持っていないメスの蚊はその蚊集団では10パーセントしかいませんでした。

人の免疫システムを欺くことができるマラリア原虫

　細菌やウイルスによって引き起こされる感染症では、一度感染すると2度目は発病しないか発病してもごく軽い症状で済みます。なぜなら、1回目の感染のときに、私たちの体の中の免疫系が働き、その病原菌とすぐに戦える術を記憶しておくからです。それは「獲得免疫」と呼ばれ、2度目以降はその記憶をもとに、同じ異物が体内に侵入したとき、さまざまな免疫担当細胞が連携を取り、即座にその病原体を排除することが可能になります。

しかし、マラリアは違います。何度でも感染してしまうのです。一度かかったからといって安心はできず、何度でも発症して苦しむのです。そのため、世界で毎年多くの感染者と死亡者を生み出すのです。

つまり、マラリア原虫は人の免疫を逃れる仕組みを持っているのです。マラリア原虫は赤血球に寄生すると述べましたが、マラリア原虫に寄生された私たちの赤血球は、血管の内側の細胞にピタッと張り付き、血液中を循環しなくなり、じっとしています。なぜ寄生した赤血球は張り付いてじっとしているのでしょうか。もちろん、これは戦略的な動きです。血液中を循環していくことには危険が潜んでいるのです。血液の循環に乗って、寄生した赤血球が脾臓などに到達すると、マクロファージという異物を何でも飲み込んで処理する免疫細胞に捕まって捕食されてしまいます。つまり血管に張り付くことで、捕食を逃れているのです。

通常、同じ病気に2度目はかからないのは、「獲得免疫」といい、同じ病原体であれば、記憶によってすぐに認識し、排除することができるからであると説明しました。しかし、何度でも感染するマラリア原虫は、私たちの免疫記憶さえもかく乱する能力があるのです。

病原体にはそれぞれ個体を特定する標識になるものがあります。それが「抗原」と呼ばれるものです。その各々違う「抗原」にぴったりとくっつき排除することができる「抗体」を、私たちの免疫系では作り出すことができます。マラリア原虫にも標識になる「抗原」があります。しかし、その「抗原」はたくさんの種類があり、しかも変異することも可能なのです。そのため、感染の度に、異なる標識をちらつかせるマラリア原虫に、人の免疫細胞は記憶で対応することができず、毎回、発症してしまうのです。

そして、この何度でも変化する抗原のために、ワクチン開発が長きにわたり難航を極めており、2017年現在、認可されたワクチンはまだありません。

吸血ハエを操る原虫

行動を操られ、病原体を広めてしまうのはマラリア原虫を媒介する蚊だけではありません。リーシュマニア症を媒介する吸血性のハエも、体内にいる寄生者に行動を操られていることがわかっています。

リーシュマニア症は原虫リーシュマニアの感染によって引き起こされます。人がこの原虫に感染すると、その数週間から数年後に皮膚や軟骨組織が溶け、発熱、貧血、脾臓や肝臓の肥大などの症状が現れ、顔の外観が著しく損なわれ、放置すれば死に至ります（図16-1）。

世界の98ケ国約1200万人がリーシュマニアに感染しており、この原虫を人に運んでくるのがサシチョウバエというハエなのです（図16-2）。

サシチョウバエは、生きるために動物の血を吸う習性がありますが、必要な分量の血を吸い終わるとすぐに離れていきます。しかし、リーシュマニアに感染したハエは違います。何度も血を吸う行動を起こし、口器を人に突き刺すのです。

これは、ハエの体内にいるリーシュマニアに行動を操作されているためです。リーシュマニアは、ハエの体内に入って増殖した後、ハエから最終宿主である人に侵入しなければなりません。そのため、ハエが人の皮膚に口器を突き刺す回数が多いほど、リーシュマニア原虫は次なる宿主へ感染するチャンスが増えるため、このような行動をハエに起こさせます。

その操作方法は、思ったよりも簡単なものです。ハエの体内に存在するリーシュマニアは、ゲル状の物質を分泌し、ハエの腸を詰まらせます。腸を塞がれたハエは血を吸っても吸っても腸内に血が入ってこないため、何度も血を吸う行動を取るのです。

ペスト菌に操られるノミ

紀元前から何度も大流行を定期的に繰り返し、14世紀にはヨーロッパの人口の3割以上を死に至らしめた「ペスト」は、腸内細菌科に属する「ペスト菌」という細菌によって引き起こされます。罹患すると皮膚が黒くなることから「黒死病」と呼ばれ、致死率が高く大流行を繰り返すことから「悪魔の伝染病」として世界で恐れられていました。

そして、このペストの原因となる「ペスト菌」は、昆虫の血を吸うノミによって媒介されます。ノミは人やネズミなどいろいろな哺乳類の血を吸って生きています。ペスト菌は人やネズミの体内に入ると高熱や敗血症などの重篤な症状を引き起こし、高い致死率を示します。しかし、ノミがペスト菌に感染してもほとんど何も起こりません。ノミはペスト菌にとっては大事な運び屋なため、ノミを殺すようなことはしないのです。

ノミの体内にいるペスト菌もこれまでの原虫と同様に運び屋であるノミにちょっとした細工をして、感染の効率を上げています。ペスト菌はノミの口器を塞ぎ、血を吸い上げにくくしま

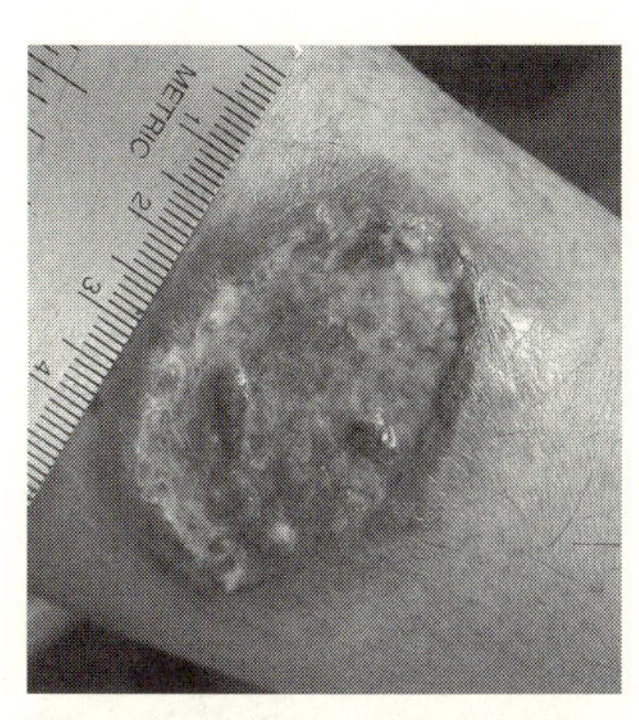

[図16-1] 原虫リーシュマニアの感染によって引き起こされた左腕の潰瘍（写真：Layne Harris,2008）。

[図16-2] 吸血するサシチョウバエ（写真：Content provider：CDC／Frank Collins,2006）。

す。ノミがネズミや人の血を吸おうと躍起になっている間に、ノミの口から人などに悠々と移動していくのです。

そして、ペスト菌によって人が死ぬと、人について血を吸っていたノミも離れて、新たな血を吸う宿主を探しに行き、さらに感染を広げていきます。

17 幼虫をドロドロに溶かすウイルスの戦略

私が大学院生のときに在籍していた研究室では、学生たちや教授がたくさんの種類の昆虫を研究のために飼育していました。そんな研究室ではメンバーたち誰もが恐れる現象がありました。誰かが飼育室で「バキュロが出た！」と言うと多くのメンバーは血の気が引き、即座に自分の研究材料である飼育している昆虫の様子を見に行き、巻き添えを食らった人は肩を落とし、「卒論間近なのに、実験材料全滅だ……」と放心状態になる人もいました。

私たちが恐れていたものは「バキュロウイルス」というマイマイガをはじめとするガやチョウに感染するウイルスです。このウイルスもまた、自己の繁栄のために宿主である幼虫を操っています。

バキュロウイルスによる行動操作

バキュロウイルスは節足動物に感染し、宿主に対する種特異性が高いことで知られています。つまり、マイマイガに感染しているバキュロウイルスは他の種類の昆虫には感染できません。

最初に、マイマイガに感染するバキュロウイルスを例に取って、その生活環を見ていきましょう。マイマイガの幼虫は植物の葉を食べて成長していきます。その食べている葉の上にバキュロウイルスが存在する場合があり、葉と一緒にウイルスを食べてしまった幼虫は感染してしまいます。

幼虫の体内に入ったバキュロウイルスは、自己を複製する能力は持っていません。自分を複製させるのもマイマイガにやらせます。宿主の細胞を乗っ取り、自分のコピーを大量に作らせるのです。この間、幼虫は見た目には変化がなく、それまでと同じようにむしゃむしゃと葉を食べ続けます。

通常、ガの幼虫の成長はかなり早く数日に一度は脱皮して大きくなりますが、バキュロウイルスに感染している幼虫はいくら食べても一向に体が大きくなりません。食べたエネルギーはすべてウイルスの増殖に使われているからです。

そして、ウイルスが体内で十分に増殖し、次なる宿主に移動する段階になると、現在の宿主であるマイマイガの行動を操ります。

通常、マイマイガの幼虫は昼間、鳥などの天敵に見つからないように地面に近い場所でじっと身を隠しています。そして、夜になると木の上に登って葉を食べます。しかし、バキュロウイルスに感染した幼虫は、昼も夜も関係なく木や葉の上を目指して登り始めます。そして、葉の一番上に登りきると、動かなくなり、何かを待っているかのようにそこでじっと待機します。

　このとき、幼虫の体内ではバキュロウイルスが幼虫の体を溶かす大量の酵素を生成して、宿主である幼虫をドロドロに溶かしています。そうして、体の形を保てなくなった幼虫は、溶けながら、葉の上から下まで流れ落ち、ウイルスを大量にまき散らしていきます。

　そして、葉の上に落ちたウイルスは新たな宿主に葉と共に食べられることで、また感染を繰り返していくのです。

ウイルスの宿主への行動操作のヒント

　バキュロウイルスに感染したマイマイガの幼虫は、脱皮をしなくなることが知られています。なぜ感染した幼虫が脱皮できなくなるかというと、バキュロウイルスが昆虫の脱皮ホルモンであるエクジソンを不活性化する特殊な酵素（ＥＧＴ）を宿主の体内で作り出していたからです。

　このＥＧＴという酵素が宿主昆虫の行動操作の鍵を握っているという証拠が、２０１１年にアメリカの研究グループによって明らかにされています。このＥＧＴという酵素を合成できない変異型バキュロウイルスと、通常のＥＧＴを合成できるバキュロウイルスの2種類を幼虫に感染させ、それぞれの宿主幼虫の行動を観察しました。

　すると、ＥＧＴを合成できないウイルスに感染した幼虫は、行動を操作されず死ぬときにも上方に登らず、実験用ボトルの下の方にとどまっていました。つまり、バキュロウイルスの持つEGT酵素を合成できる遺伝子（egt）が、宿主幼虫の行動変化を引き起こす原因ということが示されたのです。

また、2005年にはカイコにおいて、東京大学の研究グループがその行動操作に関わるメカニズムを解明しています。この研究グループは、遺伝子欠損ウイルスライブラリーを用いたスクリーニング研究により、ウイルスの脱リン酸化酵素遺伝子（protein tyrosine phosphatase、ptp）がカイコの行動操作に関わる分子の一つであることを発見しました。

さらに興味深いことに、ptp遺伝子はバキュロウイルスだけでなく、宿主となるカイコも持っていました。しかも、カイコ（昆虫）とバキュロウイルス（ウイルス）は遺伝的にはとてつもなく遠い隔たりがある生物同士であるにもかかわらず、両者の持つptp遺伝子は同じ配列を持ち、かなり似ていることがわかりました。これは、バキュロウイルスがカイコに幾度となく感染してきた進化の過程で、バキュロウイルスがカイコのゲノムから遺伝子を獲得したからではないかと考えられています。

このことを発見した研究グループは、宿主と寄生者、両者が持っているptp遺伝子が合成するPTPタンパクに目をつけました。PTPタンパクが宿主の行動に何らかの影響を与えているのではないかと予想したのです。そこで、PTPタンパクにさまざまな変異を起こしたウイルスをカイコに感染させ、行動を観察しました。しかし、その予想を裏切るかのように、変異ウイルスに感染したカイコでも行動操作は通常通りおこなわれたのです。そこで、普通の人なら諦めそうなものですが、この研究グループはそこで諦めませんでした。

さらに詳細な解析をおこない、ＰＴＰタンパクはウイルス粒子内に存在し、正常なウイルス粒子を形成するのに重要な構造タンパク質と結合していることを突き止めました。また、ＰＴＰタンパクはウイルスの病原性に大きく関与しており、宿主の脳まで感染が広がるために必要なタンパク質であることもわかりました。

このことから、ＰＴＰタンパクは直接的には宿主の行動を操作してはいませんでしたが、それをウイルス自体の構造に利用したり、宿主への感染を成立させるために利用したりしているという現象が明らかになりました。

また、先に登場したマイマイガとバキュロウイルスではＥＧＴ酵素が行動操作に関わっていたにもかかわらず、カイコのバキュロウイルスにおいては、ＥＧＴは、その行動操作に関わっていないことが明らかになっています。つまり、ウイルスと宿主の組み合わせによって、ウイルスによる行動制御の仕組みがそれぞれ異なっていると、現在では考えられています。

バキュロウイルスの利用価値

バキュロウイルスは説明したように、チョウやガなどのチョウ目の昆虫の幼虫に感染します。そして、これらの幼虫は、農作物を食い荒らす害虫として問題になることも多々あります。そこで、害虫となる幼虫をこのウイルスで防除するなど、有効利用するための研究が古くからおこなわれてきており、海外では10種類程度のウイルスが農業の現場で実用化されています。

バキュロウイルスは多角体（ポリヘイドン）というタンパク質の結晶に包まれ保護されています。多角体によってウイルス粒子は環境から守られ、土中など好適な条件の場所であれば10年以上もウイルスの活性を保つこともあります。しかし、宿主範囲が一般に狭く、害虫ごとにウイルスの種類を替えなければならない点や、散布から害虫の駆除までに10日前後かかり、その間にある程度の加害が進行してしまうなどの欠点もありますが、人体には無害であるという利点もあります。

このウイルスはアルカリ性の昆虫の腸の中で初めて溶解し感染力を持ちます。人の消化器官はアルカリ性ではないので、人などの脊椎動物には感染しないのです。また、たとえ核多角体病ウイルスが脊椎動物細胞に侵入しても、ウイルスの増殖は起こらず安全な生物農薬とされています。

さらに、目的のタンパク質を大量に発現させるという利用価値もあります。前述したように、バキュロウイルスはウイルスの増殖過程で感染細胞の核内に多角体と呼ばれる硬い結晶構造のタンパク質を作ります。ウイルスの増殖や複製に関与しないこのタンパク質は、細胞の総タンパク質の約50パーセントを占めるほどに発現し、バキュロウイルスを包み込んで保護しています。この多角体遺伝子を発現する強力なプロモーターの下流に発現目的遺伝子を導入し、この組み換えウイルスを昆虫細胞に感染させることで、タンパク質を大量に発現させることができるのです。

タンパク質を発現させる手法としてE.coli（大腸菌の一種）を用いることも多いですが、大腸菌は原核生物であり、真核生物であるバキュロウイルスに感染した昆虫細胞でタンパク質を発現させた方が翻訳後の修飾などが正常におこなわれやすいという長所があり、利用範囲が広くなるのです。

18 私たちの腸内の寄生者たち

私たち人間が保有する最大数の共生細菌は、腸管に存在する腸内細菌です。私たちの腸内には約500種類、約100兆個、重さにして約1キログラムの腸内細菌が存在すると言われています。

人間の腸内には、人間の体を構成する約60兆個の細胞よりもさらに多い数の腸内細菌が棲みつき、消化吸収や免疫に関わる大きな働きをしています。腸内細菌の研究は細菌の純粋培養方法を発見した19世紀後半から始まり、近年は腸による免疫機能に注目した研究が多くおこなわれています。

腸は人の生命維持に関わる最も大切な器官です。私たちは1日に何度も食物や飲み物を口にしています。私たちが口にしたものは、口-咽頭-食道-胃まで到達し、さらに胃から小腸（十二指腸-空腸-回腸）、小腸から大腸（盲腸-結腸-直腸）へ行き、肛門から排出されます。これらの消化器官は全長約9メートルの1本の管になっています。

また、小腸から大腸にかけては、絨毛と呼ばれる突起がたくさんあり、その表面にある上皮細胞から、食物から得た栄養素が吸収されます。絨毛の表面は微絨毛で覆われ、この微絨毛によって小腸内の面積が飛躍的に広がり、この絨毛と絨毛を覆う微絨毛を引き伸ばすとなんと、その表面積はテニスコート約1面分にも及ぶ広大なものになり、栄養素の吸収効率を高めています。

腸は飲食物に含まれる栄養分を吸収する一方で、細菌やウイルスなどの感染を防ぐためそれらは吸収せず便として体外に排出しなければなりません。そのため血液中を流れるリンパ球と言われる免疫細胞の多くが腸に集まっており、それら免疫細胞が腸の粘膜やヒダに集まってパイエル板というリンパ組織を形成しています。このように、腸管は体の中で最も重要で最も大きな免疫器官であり、人の体の免疫システム全体の70パーセントが腸に集中していると言われています。

腸の中に棲む細菌たちが体全体の免疫システムをコントロールし、さらにここ数年の研究で腸や腸内細菌が人の気分や感情、人格までを微妙に変えていることがわかってきました。それらの研究をご紹介する前に、腸の働きとその腸内に棲む微生物について簡単に紹介していきたいと思います。

第2の脳と呼ばれる腸ができること

腸の内壁には数億個のニューロンからなる「腸管神経系」が埋め込まれています。この「腸管神経系」は食道から胃、小腸、大腸と腸管全体の壁内に網目状のネットワークを張り巡らしており、その数は数億個で、脳にあるニューロンの1000分の1に相当し、「第2の脳」と呼ばれています。

この腸管神経系は脳による指令がなくても、腸とそこに棲む微生物から送られてくる情報を処理することができます。この「第2の脳」は、食事と共に運ばれてきたバクテリアやウイルスなどの病原体を検知し、腸壁の免疫細胞がヒスタミンを含む炎症性物質を分泌させます。また、その病原体を排出するために下痢か嘔吐かを選択するのも、脳ではなく腸管神経系であることがわかっています。

また、さまざまなニューロンやグリア細胞などで形成される腸管神経系は、脳と同程度である約40種類の神経伝達物質を合成しており、体内のセロトニンの95パーセントは常に腸管神経系で作られ、ドーパミンは脳と同じ程度合成しています。つまり、脳の働きを操作する神経伝達物質の多くが脳ではなく腸で合成され、そこに存在しているのです。これが、腸が「第2の脳」と言われる理由です。

特に、腸で合成される「セロトニン」と「ドーパミン」は三大神経伝達物質のうちの2つです。セロトニンは人間の精神面に大きな影響を与え、心身の安定や心の安らぎなどにも関与することから、オキシトシンと共に幸せホルモンとも呼ばれます。このセロトニンが不足すると、うつ病や不眠症、偏頭痛などを引き起こしやすくなります。

また、ドーパミンは「やる気物質」とも呼ばれており、意欲や喜び、報酬に伴う快楽に関係する神経伝達物質です。

これらの神経伝達物質は、脳に行かず、腸の中で、何をしているのでしょうか。ドーパミンは、腸の中でも、脳と同様にシグナル伝達分子として機能しており、腸の筋肉の収縮を調整したり、ニューロン間でメッセージを伝達することなどに利用されています。

そして、幸せホルモンと呼ばれるセロトニンは腸の中で合成され、血液に乗って、肝臓や肺の傷ついた細胞の修復に関与しています。さらに、心臓の発達や骨密度を調整する役割も持っています。

腸で合成されたこれらの神経伝達物質は脳に入ることができないというのが一般的な説でしたが、理論上は視床下部を含む血液脳関門を通り抜けられるとも言われているため、腸から感情に影響を与える可能性もあり、実際に腸が人の精神病や感情に与える影響について次々と研究が発表されています。

腸が人の感情に影響を与える

腸は私たちが口から食べたものをただ消化するだけでなく、腸に到達した食べ物によって人の感情までもが影響を受けます。皆さんも、疲れたときや、ストレスを感じたときに脂肪質の多いお菓子や食事を口にしたいという欲求に駆られたことがあるのではないでしょうか。私も脂肪質の食品を口にしたとき、気分が少し晴れるような経験を何度もしました。このような現象を説明するような研究がいくつか発表されています。

私たちが脂肪質の食品を摂取すると、腸の内側の細胞受容体によって脂肪酸が検出され、神経信号が脳に送られます。このとき、腸は単に食べた食品の種類を脳に伝えるだけではないのです。被験者のグループを2つに分け、一つのグループには、食塩水を与え、もう一つのグループには脂肪酸を与えます。その後、悲しい気持ちになるような写真を見せたり、音楽を聴かせたりし、脳のスキャンを用いて被験者の感情を観察します。その結果、脂肪酸を与えられた被験者は、食塩水を与えられた被験者よりも悲しみを感じにくくなっており、約半分程度になっていたことがわかりました。

さらに、脳がストレスを感じると、腸が「グレリン」という物質を増加させます。このグレリンはホルモンの一種で、空腹を感じさせると共に、脳内のドーパミンの放出を促進させるため、不安やうつ症状を軽減します。

２０１１年にアメリカのチームがおこなったマウスを用いた研究では、慢性ストレスにさらされたマウスは、脂肪性の食品を探して食べようとしましたが、グレリンに反応できない遺伝子組み換えマウスでは、そのような行動は見られませんでした。

これらの研究から、腸は私たちの環境についての多くの情報を脳に伝え、腸と私たちの感情や精神状態との間には強いつながりがあることが示唆されます。さらに、腸の中には約１００兆個もの腸内細菌が棲んでおり、それらもまた宿主である私たちに強い影響を与えています。

あなただけの腸内の共生細菌

私たちはこの世に生まれ出た瞬間から、多くの細菌、ウイルス、その他の微生物などあらゆるものに終始さらされ、皮膚や口や鼻の粘膜などに多くの微生物が棲みつき始めます。いつもは気になりもしませんが、私たちの皮膚の上にも、口の中にも、胃腸にも、私たちの体のありとあらゆるところに微生物が棲みついています。それらの微生物は、普段そこにいて生活しているだけで、微生物同士も共存し、私たちの害になることも、得になることもしていません。しかし、腸の中に棲む細菌たちのバランスは、私たちの体にさまざまな面で強い影響をもたらしているのです。

人は３歳までには、消化管におよそ１００兆個の微生物からなる細菌叢(さいきんそう)が完成します。その種類は500種にも及びますが、そのうちの30〜40種で全体の大半を占めることになります。そして、その細菌叢の構成は家族の間でより似通っており、人がどんな腸内細菌を獲得するかには遺伝的な要因もあります。しかし、その腸内細菌叢の構成はその人の一生を通じてダイナミックに変わっていきます。各々の毎日口にするものや、飲んだ薬、ストレス、運動、その他の環境要因によっても変化していきます。

腸内細菌の役割分担

私たちの腸内に棲みついている約500種類、約100兆個の細菌は、その働きから善玉菌と悪玉菌、日和見菌の3つに分けることができます。そのバランスは大体2対1対7となっており、70パーセントもの菌が良くも悪くもない日和見菌です。

善玉菌には乳酸菌、ビフィズス菌などが含まれます。その効果は、腸の機能を整え、便秘や下痢の予防をし、風邪や感染症に対する免疫力の向上、アレルギーの抑制、消化の促進、ビタミンの合成などです。善玉菌は、腸内を酸性に保とうとし、悪玉菌は、逆のアルカリ性に傾ける働きがあります。

そして、悪玉菌という不名誉な分類を受けているのはウェルシュ菌、ブドウ球菌、大腸菌（毒性株）などです。これらの菌は、下痢や便秘、腸内の腐敗、アンモニア、硫化水素などの有害物質の発生などの働きが知られています。

さらに、近年になって腸内細菌に関する研究がより進んでくるにつれて、腸内細菌の種類や割合が、人によってかなり違うこともわかってきました。例えば、善玉菌であるビフィズス菌についても、ある人にとっては10パーセント程度が理想の状態だとしても、別の人の場合は10パーセントが理想だとは限りません。

また、悪玉菌といっても、時には善玉菌の刺激になり、体内に侵入した病原菌を攻撃するという役割もあり、同じ種の菌であっても、人にとって有害な毒素を作るものもいれば、大腸炎の抑制に関与するものもいることが明らかになってきました。

しかし、腸内に存在する100兆もの菌のうち、その働きがわかっているものはごく少数であり、それ以外の菌においては、まだその機能さえわかっていないのが現状です。

ストレスと腸内細菌の秘密の関係

生まれたての健康な赤ちゃんにはビフィズス菌などの善玉菌が多いのですが、そのような善玉菌は老化、肉食、ストレス、薬物、感染などで減少していくことがわかっています。

このような原因によって増えた腸内の悪玉菌は腐敗物質を生成し、肝臓や腎臓、膵臓などの各種臓器に悪影響をもたらし、肝臓障害やがん、動脈硬化など、疾患発症へとつながる可能性が高くなっていくのです。

近年、多くの現代人が抱える「ストレス」と腸内の細菌の密接な関係についても明らかになってきています。

ニワトリでは20〜42℃の断続した熱ストレスを与えると、著しい発育遅延が見られることがわかっていますが、2種類のラクトバチルス属の善玉菌を、生まれてからずっとエサに混ぜて与えると、同じ熱ストレスを与えても、ストレスによる発育不全が軽減され、善玉菌を摂取しなかったニワトリと比較すると体重は有意に増加していました。

また、アカゲザルにおいては、乳児のサルを母親から分離すると、分離3日後から腸内細菌の減少が始まり、特に善玉腸内細菌のラクトバチルス属の菌が著しく減っていました。その結果、ストレスに関連した行動を多く示すようになり、そのようなサルは日和見感染する確率が高かったこともわかっています。

さらに、妊娠中の母親のサルに聴性のストレスを与えたところ、出生した子ザルの腸内の善玉菌が有意に減少していました。このことは、母体のストレスが世代を超えて、胎児に伝播し、その子が持つ腸内の有用な細菌も減少するということを示唆しています。

さらに、人においても、怒り、不安、恐怖などの心理的ストレスによって腸内の細菌叢が変化することもわかってきています。なかでも興味深いのは、有人宇宙飛行計画の際におこなったNASAの実験です。宇宙飛行の訓練の際には、宇宙船と同じに作られた、狭く日の光もささない船室に何日もあるいは何週間も閉じ込められ、精神的なストレスは相当なものになります。このような訓練をおこなっていた宇宙飛行士の便の中には有害物質を作り出すバクテロイデス属の菌が増えていました。また、旧ソ連の宇宙飛行士でも同じように彼らの腸内細菌叢を調べた結果、飛行前から徐々に変化が現れ、飛行中になると、善玉菌がさらに減少し、悪玉菌が増加したこともわかっています。

ヨーグルトで不安が減る?

プロバイオティクスとは健康に有益な作用をもたらす生きた微生物（善玉菌）のことで、代表的なものは善玉菌を多く含むヨーグルトです。このプロバイオティクスが人の不安や恐怖、ストレスに関係するという研究が2013年に発表されています。

この研究では、36人の健康な女性被験者を対象にプロバイオティック乳製品を1ケ月摂取してもらい、その効果を明らかにしました。まず、被験者を3つのグループに分けます。1つ目のグループは、プロバイオティック乳製品を摂取する12人、2つ目のグループは牛乳など微生物発酵していない乳製品を摂取する11人、3つ目はこれらを何も与えられない13人です。各グループに割り当てられた製品を1日2回、1ケ月間続けて摂取してもらい、実験の前後に女性たちの脳の画像を撮影して、その変化を調べます。

その結果、プロバイオティック乳製品を与えられた被験者は他の2つの対照群と比べ、悲しみや恐怖を引き起こすような写真を見たときに、扁桃体を含む覚醒ネットワークに生じる反応が弱いことがわかりました。

これはどういうことなのでしょうか。脳の画像を撮影している間に見せた写真は、怒りや恐れを感じている人の顔写真です。通常、このようなネガティブな感情を引き出す写真などを見ると、脳の恐れを感じる扁桃体が反応し、見ている人も同様に恐れを感じます。しかし、プロバイオティック乳製品を1ケ月間摂取した結果、そのような恐れを感じる反応が弱くなり、恐ろしいものとして知覚しないようになっていたのです。つまり、腸内環境を整えるプロバイオティック乳製品を摂取することで、脳がストレスに反応しにくく、ストレスに苦しむことが減ったということになります。

また、2011年にはフランスの研究チームがプロバイオティック補助食品による抗不安効果に関する研究成果を発表しています。66人を3つのグループに分け、1つ目のグループには善玉の腸内細菌ラクトバチルス・ヘルベティカスを含む錠剤を与え、2つ目のグループには同じく善玉の腸内細菌ビフィドバクテリウム・ロングムを含むプロバイオティック製剤を与え、3つ目のグループには何も入っていない同じ形の錠剤（偽薬）を与え、被験者には自分が何の錠剤を与えられているかをわからないようにしました。そして、これらの錠剤を1ケ月間服用してもらいます。試験開始前と終了後に標準的なチェックリストに沿って被験者の不安と抑うつの程度を評価した結果、1ケ月の試験を終えた段階ではプロバイオティック製剤を摂取していたグループでは心理的抑うつの兆候が大きく減少していました。

このような結果は他のさまざまな国や地域、さまざまなプロバイオティック製剤、あるいは善玉菌を含む食品などを使っておこなわれており、いずれも同様の結果を導き出しています。

自閉症の症状を緩和する腸内細菌

自閉症は他者とのコミュニケーション能力に障害・困難が生じたり、こだわりが強くなる神経発生的障害の一種で、現在日本国内の推定36万人、世界で最大7000万人がこの自閉症スペクトラムに分類されると言われています。自閉症に分類される人は、他人に全く無関心であったり、感情的に交流することが困難で、極度の自己中心的思考になる場合もあり、社会生活を円滑におこなうのが難しくなることもしばしばあります。

また、自閉症は、多くの遺伝子要因が関与する先天的な脳の機能障害とされており、2007年に有名学術雑誌のサイエンス誌に、人の自閉症患者から見つかったシナプスタンパク質ニューロリギンの遺伝子変異をマウスに導入した結果、マウスでも自閉症症状が引き起こされることが確認されたため、シナプス異常と自閉症に関係があるのではないかと考えられています。しかし、詳しい原因や治療法はいまだ解明されていない状態です。

自閉症は脳の障害であるため、脳や神経伝達に関連する遺伝子やタンパク質から原因を探る研究が多いのですが、最近になって、脳からは程遠い腸内の細菌と自閉症との関係に注目が集まっています。

自閉症の子どもに最も多い健康上の訴えは胃腸障害で、米国疾病予防管理センターによると、自閉症児が慢性的な下痢や便秘を経験する可能性は、健常児より3・5倍以上高いことがわかっています。

2010年の報告ではアメリカとカナダの自閉症児1185名（2歳から18歳）のデータを分析した結果、全体の45パーセントに胃腸障害が認められ、その内訳は腹痛59パーセント、便秘51パーセント、下痢43パーセントであったということが示されています。

また、アリゾナ州立大学の研究者らが自閉症児と健常児から採取した便に含まれる腸内細菌を分析した結果、自閉症児の腸内細菌の種類は極めて乏しく、腸が病原体による攻撃の影響を受けやすくなっている可能性があることが明らかとなりました。

また別の研究でも、自閉症患者と健常者では腸内細菌の種類と数が大きく異なることが判明しています。つまり、自閉症児は健常児と比較して腸内細菌の種類も数も乏しく、腸内に生息する膨大な数の微生物に大きな違いがあることがわかってきました。

これらのことから、腸内微生物叢と自閉症との関連をより深く研究しようとしたのが、カリフォルニア工科大学の研究チームです。妊娠中にインフルエンザにかかった母親から生まれる子どもは自閉症を発症するリスクが2倍になるということを利用して、自閉症様症状を示す仔マウスを作り出しました。

オモチャと他のマウスという2つの選択肢が存在する箱に入れた場合、通常のマウスは他のマウスのところに行って仲間と遊ぶことを選択しますが、自閉症様症状を示すマウスは物であるオモチャを選ぶ傾向があります。また仲間内でコミュニケーションを取る際に、自閉症のマウスは仲間を呼ぶ声が小さく短かったり、大理石を木くずの中に埋めたり掘り返したりを繰り返す行動が見られることもわかっています。

また、それらの自閉症的な症状を示すマウスでは、腸内細菌叢が通常のマウスとは異なっており、さらに〝腸管壁浸漏（リーキーガット）〟と呼ばれる症状を示していました。

腸管壁浸漏とは、字の通りの症状で、「腸管」の「壁」から出てはいけないものが「漏れ出てくること（浸漏）」です。通常、腸の細胞は必要な栄養素は取り込み、悪玉菌が作る毒素は取り込まないなど、優れたバリア機能を持っています。何らかの原因で腸のバリア機能が破壊されると、腸の細胞間にスペースができ、バクテリア、毒素、未消化の食物を血流に通してしまい、脳に到達する可能性もある〝腸管壁浸漏〟という非常に危険な状態になってしまいます。

　さらに、自閉症様症状を示す仔マウスの血液を調べたところ、腸内細菌が作り出す4EPS(4-ethylphenyl sulfate)と呼ばれる分子が普通のマウスに比べてとても多く、46倍含まれていたこともわかりました。この4EPSという分子は悪玉腸内細菌として名高いグラム陽性桿(かん)菌(きん)クロストリジウム(Clostridium spp.)由来と見られる代謝産物で、自閉症患者では、これと似た分子が高いレベルで検出されています。

　この4EPSが不安行動を引き起こす原因になっているかどうかを調べるため4EPSを健康なマウスに投与したところ、健康なマウスでも不安行動が増えました。つまり、4EPSは不安を引き起こす原因物質でした。

　ここまでの結果から、自閉症様症状を示す仔マウスでは、腸壁に穴があいているため、悪玉腸内細菌が作り出した4EPSという分子が腸から血流に乗り脳に達して、不安行動を引き起こしていると考えることができます。

　次に、この研究では、自閉症マウスに3週間にわたって善玉腸内細菌バクテロイデス属のバクテリアを含むアップルソースを投与したところ、5週間後には、自閉症マウスの腸管壁浸漏は解消し、血中4EPS値も大幅に低下し、腸内微生物叢は健康なマウスの状態に近づいていました。

さらに、その行動にも変化が見られました。善玉バクテリアを含むアップルソースを食べ続けた自閉症のマウスは、大理石を埋めたり掘り返したりという行動をやめ、声出しのコミュニケーション方法も普通になりました。ただし「オモチャか他のマウスか」という選択肢ではオモチャを選ぶままでした。

この研究結果は、マウスにおけるものですし、臨床試験がおこなわれない限り、この結果が人間にも当てはまるのかは不明ですが、腸内細菌が気分に良い作用をもたらし、自閉症やうつ病の治療に役立つ可能性があるとして、今後に期待されています。

学習・記憶など脳の発達にも関係する腸内細菌

九州大学の研究グループは２００４年の研究で、生まれたてのマウスを無菌状態で飼育し、腸内に微生物が棲みつかないようにし無菌マウスを作製しました。その後、それらの無菌マウスを拘束して自由には動けない状況に置き、ストレスを与えました。その結果、この無菌マウスは通常のマウスに比べ、ストレスホルモンの血中濃度が高まり、記憶と学習に重要な脳の海馬という領域で脳由来神経栄養因子（ＢＤＮＦ）の遺伝子の発現が低下しました。

この脳由来神経栄養因子（ＢＤＮＦ）は、脳の発達にとても重要な因子です。脳が発達するときにニューロンが生じますが、それらの新しく生まれた細胞は軸索と樹状突起を伸ばして既存の神経網を探し、見つけるとそこに結合しようとします。この過程で十分なＢＤＮＦがあれば、新しく生まれたニューロンは生き延びて他のニューロンと結合することができます。しかし、ＢＤＮＦが不十分な場合、せっかく生まれたニューロンであっても、他のニューロンと結合できずに死んでしまいます。そして、無菌マウスに善玉菌であるビフィズス菌の一種を与えるとストレスに対する応答が、通常のマウスと同程度まで回復しました。

この結果は、腸内細菌がストレスへの強さや記憶や学習に関わる神経細胞の成長に影響している可能性を示しています。

２０１１年には、カナダのマックマスター大学がこの可能性にさらに迫った研究を発表しています。

攻撃性を決める腸内の菌

２０１１年にはマウスの腸内細菌が初期の脳の発達に影響を与えていることが、スウェーデンとシンガポールの共同研究チームによって示されました。

通常の腸内細菌を持つマウスと無菌状態で育てたマウスを観察すると、無菌マウスは腸内細菌を持つマウスよりも攻撃的になり危険を伴う行動を示すことがわかりました。攻撃的な行動と腸内細菌の有無の関係をはっきりさせるため、無菌マウスに腸内細菌を導入しました。導入する時期を2種類に分け、成長初期と成熟後に導入して経過を観察しました。

その結果、成長初期に腸内細菌を導入したマウスは、成長した後は攻撃的な行動が減り、通常のマウスと同じような行動になりました。しかし、成熟後に腸内細菌を導入したマウスでは攻撃的な行動に変化は見られず、腸内細菌を導入しなかったマウスと同じような行動を示していました。つまり、成熟後では手遅れだったのです。これらの結果から、腸内細菌が成長初期の脳の発達に影響を与え、攻撃性や危険な行動を抑制しているのではないかと予想できます。

さらに同じ研究チームは腸内細菌がセロトニンやドーパミンなどの神経伝達物質に影響しているだけでなく、シナプスの機能にも同様に影響していることも明らかにしています。しかし、この結果は、マウスのみで示されているため、まだ人の腸内細菌も脳の発達に影響しているとは断言できません。

性格にまで影響を与える!?

人においても子どものときから、冒険好きでちょっとやそっと転ぶことも恐れず遊ぶ子どもと、少し怖がりでおとなしく危険が伴うような遊びを好まない臆病な子どもという差は少なからず見受けられるものです。そのような性格の違いは兄弟同士でも見られるにもかかわらず、遺伝的な要因が強いと考えられていますが、2011年にカナダのマックマスター大学の研究チームによっておこなわれた研究では、生まれたときに持っている腸内細菌が、マウスの臆病さや不安の感じやすさなどの性格にまで影響を与える可能性が示されました。

無菌で成長したマウスと腸内細菌を持つ通常のマウスの行動を比較すると、明らかな行動の変化が見られました。通常、マウスは新しい場所に移されると、怖がってあまりその場所から移動しようとしません。しかし、無菌マウスは新しい箱に入れられても、さまざまなところを探索し、動き回るのです。

また、両側に壁のある橋と壁のないただの橋を選択させる実験もおこなっています。人に置き換えて考えると両側に手すりのない吊り橋など怖くて渡れないと思いますが、通常のマウスも同じように壁のない橋に対しては不安を感じ、壁のある橋に行こうとします。しかし、無菌で育てられたマウスは壁のない橋でも行ってしまうのです。つまり、これらの結果から、無菌で育てられたマウスは、通常のマウスと比べて「不安」という感情が低下していることが明らかになりました。

この「不安」という感情の欠如が脳のどの部分と関係しているかも調べました。すると、無菌マウスでは脳由来神経栄養因子（ＢＤＮＦ）遺伝子の発現が低下しているほか、記憶や学習を担う脳の海馬という部位のニューロンに神経伝達物質セロトニンの受容体が少なくなっており、さらに「怖い」という感情を処理する脳の扁桃体の領域のニューロンではグルタミン酸の受容体が少なくなっていました。

つまり、腸内細菌の存在が、気分を左右する「セロトニン」や、学習や記憶に不可欠な「BDNF」や、恐怖学習に必要な「グルタミン酸」などの脳内物質に影響し、気分や行動、学習、記憶にまで影響を及ぼす可能性があるということになります。

しかし、前述したように、成長後の無菌マウスに腸内細菌を導入しても行動に変化は生じなかったことから、腸内細菌が脳に影響を与え、行動を操るのは、成長するまでのある時期であることが予想されます。

19 私たちの脳を乗っ取る寄生虫

突然ですが、あなたは猫が好きでしょうか。私は大好きです。犬と猫は世界中で最も飼われている動物であり、犬は1億7300万匹、猫は2億400万匹が飼育されています。日本国内だけでも2014年の時点で、猫の飼育数は996万匹となり、犬が減少傾向にあるのに比べると猫の方は増加しているようです。

猫は今から約5000年ほど前から人に飼われています。古代エジプトでは穀物を守るためと愛玩用に猫を飼育しており、猫を傷つけたり国外へ出すことさえ禁じていました。火事の際には消火よりも猫の救出が優先され、猫が死ねば飼い主は悲しみを表すために眉をそり落として死体をミイラにして手厚く埋葬しました。また、エジプトではオス猫は〝太陽神ラー〟の象徴とされ、メス猫は〝女神バステト〟の象徴とされていました。女神バステトは喜びと愛の女神です。あの猫独特の柔らかな毛、しなやかなキャットウォーク、つかみどころのない性格、そして、甘えているときに出すゴロゴロという声。古代から神秘的な象徴とされてきたのも大いに頷けます。

さて、その古代から現代に至るまで5000年もの長きにわたって愛されて、人間と生活空間を共にしてきた猫には実は私たちを操る能力を持つ微生物が存在しています。その微生物に感染すると交通事故に遭いやすくなったり、性格が変わったり、魅力が増したり、犯罪の道に走ってしまう可能性があるというのです。その不思議な微生物とはトキソプラズマという小さな寄生虫です。

猫に潜む寄生虫トキソプラズマ

トキソプラズマ（*Toxoplasma gondii*）とは、アピコンプレックス門コクシジウム綱に属する寄生性原生生物の一種で、幅2～3マイクロメートル、長さ4～7マイクロメートルの半月形の単細胞生物で、人を含む幅広い恒温動物に寄生してトキソプラズマ症を引き起こします。この寄生虫は人から人に感染することはありません。猫の体内でしか有性生殖をおこなわず、他の猫への移動手段として人や他の哺乳類を媒介に用います。世界では約3分の1もの人がこの寄生虫に感染しており、日本では約10パーセントの人が感染していると言われています。

人間が感染するのはトキソプラズマのシスト（膜で包まれた休眠中の原虫）で汚染された動物の生肉を食べた場合と、感染猫の糞やそれが混ざった土などと接触した後に経口感染した場合です。感染したとしても健康な人であれば症状は出ないか、出たとしても、かぜのような軽い症状などと言われています。唯一問題となるのは、妊娠中に初めて感染した場合で、母親の胎盤から胎児に感染する可能性があり、胎児が感染すると、脳や目に障害が出ることがあります。重症な例は、日本では年間5例ほど報告されています。

寄生虫が宿主の脳を乗っ取る

トキソプラズマはネズミなどの中間宿主を必要とする寄生虫です。そのような種類の寄生虫の場合、発育する宿主と生殖をする最終宿主が異なります。トキソプラズマは生育が終わって生殖をおこなえる段階になると、最終宿主である猫に移動して、有性生殖をおこないます。つまり、成長段階に合わせて、寄生する宿主を替えなければ、成長したり、繁殖したりできないのが、中間宿主を持つ寄生虫です。

そして、トキソプラズマもまた中間宿主というステップを必要とするため、自分が寄生したネズミ（中間宿主）が猫（最終宿主）に食べられやすくなるように行動を変化させているのです。トキソプラズマに感染したネズミは、猫に食べられやすいように反応時間が遅くなり、猫の尿の臭いに誘われるようにして徘徊し、無気力になり危険を恐れなくなることが知られています。

これまで、なぜネズミの行動がこのように変化するのかは謎とされてきましたが、２００９

年にスウェーデンの研究チームがこの謎を解く手がかりを発表しました。トキソプラズマのDNAを解析した結果、脳内物質のドーパミンの合成に関与する酵素の遺伝子があることを突き止めたのです。ドーパミンとは快楽ホルモンと呼ばれるほど快楽、探索心、冒険心に強く影響する脳内物質です。つまり、この原虫に寄生されたネズミはドーパミンを分泌し、恐怖がなくなり、自信と冒険心にワクワクしながら行動し、猫を恐れず大胆不敵に行動するようになったと考えられています。

強固なバリアーを持つ宿主の脳をどうやって乗っ取るのか

先に説明したように、トキソプラズマは経口摂取によって感染が起こります。宿主側もただ侵入を許すわけではなく、通常、口から侵入した寄生虫や病原菌は宿主の免疫機構によってすぐに排除され、感染が全身に広がることを阻みます。しかし、トキソプラズマは、宿主の口から侵入し、全身に広がり、脳を乗っ取って、宿主の行動を操ります。

実はこの脳にまで達する寄生虫や病原菌というのはごくごくまれです。脳は動物にとって中枢であり、大変大切な部分であるため、脳を守るために脳関門という脳のバリアーがあるからです。脳以外の毛細血管では、細胞同士の間に大きな隙間があり、大きな分子も通過できますが、脳の毛細血管は内側の細胞がギッシリ並んで隙間がなく、アミノ酸・糖・カフェイン・ニコチン・アルコールなど一部の物質しか通さない機構が備わっています。そうして、大きな分子、病原菌、寄生虫などの有害物質から脳を守っているのです。

しかし、トキソプラズマは脳を乗っ取ることができます。その方法の全貌はまだ明らかになってはいませんが、その一部が2012年、スウェーデンのカロリンスカ研究所感染症学センターに所属する研究者、アントニオ・バラガンのチームによって示されました。

トキソプラズマはさまざまな宿主の細胞に感染することができ、本来は寄生虫を殺すはずの免疫細胞内にさえトキソプラズマが潜んでいることもあります。トキソプラズマが潜んでいた細胞は白血球の一種で、樹木の枝のような突起がいくつかあるため〝樹状細胞〟と呼ばれています。そして、樹状細胞は血液によって運ばれ、体の中のあらゆる場所に分布し、体に入ってくる侵入者をすぐに見つけて排除する免疫系の門番としての役目を果たしています。トキソプラズマは、なんと寄生虫を排除する機能を持つ免疫細胞を使って体内を移動し、宿主の脳にまで到達していました。

しかし、樹状細胞は全身に分布しているものの、刺激を受けない限り移動せず、その場にとどまります。では、何が樹状細胞を動かしていたのでしょうか。それはGABA（ギャバ：ガンマ-アミノ酪酸）という物質でした。GABAはブレーキの役割を果たす抑制性の神経伝達物質として、多くの脳機能に関わっている物質です。某大手菓子メーカーから同名の商品が発売されており、GABAを含んでいるそのチョコレートを食べると心が落ち着き、抗ストレス効果、リラックス効果があるという謳い文句です。GABAは神経伝達物質ですので、脳内で機能しますが、トキソプラズマに感染した免疫細胞にもなぜかそのGABAが発見されたのです。

トキソプラズマが樹状細胞に感染すると、樹状細胞が神経伝達物質であるGABAを分泌し、それが同じ樹状細胞の外側にあるGABA受容体を刺激し、トキソプラズマが感染した細胞の移動能力が活性化されることが、培養細胞を使った実験で明らかになりました。

しかし、薬剤によってGABAの産生を抑制すると、トキソプラズマに感染した樹状細胞の移動能力は高まらず、その結果、脳へ侵入するトキソプラズマの量も減少することがわかりました。

これらの結果から、トキソプラズマは感染した樹状細胞にGABAを強制的に作らせ、GABAによって全身への移動が可能になり、脳に達し、脳を操るという可能性が示唆されました。

GABAは抑制性の神経伝達物質であるため、GABAの量が増えると、リラックスし、恐怖感や不安感が低下します。トキソプラズマに感染すると宿主の恐怖感が減少するのは、感染した免疫細胞が脳内へ移動しGABAの濃度が高まるためであると考えられています。

人間が感染すると交通事故に遭いやすくなる!?

マウスはトキソプラズマに感染すると天敵である猫を恐れなくなるような異常な行動を取りますが、トキソプラズマはマウスの行動だけでなく、人間の行動にさえ影響を与えることがわかってきています。

2002年に発表された論文では、チェコで交通事故を起こした146人と、同じ地域に住む一般住民446人において、トキソプラズマに潜伏感染しているかどうかを調査しました。その結果、交通事故を起こした人々は、一般住民よりもトキソプラズマに高頻度で感染しており、トキソプラズマに感染していると2・65倍も交通事故のリスクが上がることが示されました。

また、2006年にトルコで発表された研究においても、同様に交通事故率とトキソプラズマ感染の密接な関係が示されています。交通事故を経験した21～40歳の合計185人（男性100人、女性85人）と、同じ年齢層の同じ地域の住民185人（男性95人、女性90人）のトキソプラズマ感染を調べた結果、交通事故を起こした人々の33パーセントがトキソプラズマに感染していました。一方、事故を起こしていないグループでは、わずか8パーセントの人しかトキソプラズマに感染していませんでした。ちなみに、事故を起こしたグループの人々は、すべて事故後に血中アルコール濃度の検査をしており、全員が陰性でした。つまり、交通事故を引き起こす原因となったドライバーの判断ミスや反応の遅延をもたらしたのはお酒などのアルコールではなく、トキソプラズマ感染による影響であることが示唆されました。

さらに、2009年にチェコで3890人の兵士に対しておこなわれた調査においても、トキソプラズマ感染が、交通事故を起こす確率を高めていることが示されました。トキソプラズマに感染しているRhD陰性の血液型を持つ兵士は、感染していない陽性の血液型を持つ兵士の6倍も多く交通事故を起こしていたことが明らかになっています。

これらの研究から、人間におけるトキソプラズマの潜伏感染が、交通事故の危険性を高めることは明白です。では、なぜトキソプラズマに感染すると事故を起こしやすくなるのでしょうか。その原因は、トキソプラズマに感染すると宿主の反応時間が遅くなるためではないかと考えられています。その予想通り、2001年に発表された論文では、トキソプラズマに感染すると反応遅延が起こることが示されています。トキソプラズマに潜伏感染している60人と非感染の56人に、パソコン画面に出てくる印に対して反応するまでの時間を測定するテストをした結果、感染が長くなればなるほど平均反応時間が延びる傾向が見られたのです。このことから、急性トキソプラズマ症ではなく潜伏性のトキソプラズマ症が反応能力の低下に関与することが示唆されました。

感染すると性格まで変化する

トキソプラズマの慢性感染が人格に変化を及ぼし、さらには精神疾患とも関係があるという論文が最近になって何本も発表されています。

トキソプラズマ感染の有無と、アンケートによる性格テストをまとめた研究によると、トキソプラズマに感染している男性は、集中力の欠如が見られたり、危険な行動に走ったりしやすく、独断的で、疑い深く、嫉妬深くなる傾向にありました。しかし、女性の結果は男性と逆といってもよいものでした。トキソプラズマに感染した女性は社会的で、友好的で、自信があり、感受性や愛情が豊かな傾向にありました。そして、男女共に共通していたのは、感染した人の方が、不安、罪悪感、自己批判的な傾向が強く見られました。

また、統合失調症とトキソプラズマ感染との関係も少しずつわかってきました。統合失調症とは幻覚・妄想・混乱などにより周囲の出来事に敏感になり、不安や緊張を強く感じ、他人にはよく理解できない発言や行動が現れる精神疾患の一つです。トキソプラズマに感染している統合失調症の患者と非感染の患者では症状のプロファイルが異なり、トキソプラズマに感染している患者の方が幻覚や妄想などの症状がより重篤であることが研究によって示されています。

トキソプラズマに感染するとなぜ性格的な傾向や、精神疾患の症状の強さまでもが変化するのでしょうか。その一因としてドーパミンとテストステロンの関係が疑われています。先にも出てきたこのドーパミンとは興奮作用の他に行動を起こす場合の動機づけとして分泌される脳内物質で、テストステロンとは男性らしさを生み出す男性ホルモンの一種です。トキソプラズマは、脳内の神経伝達物質であるドーパミンとテストステロンの量を操作します。トキソプラズマに感染すると、このドーパミンとテストステロンの濃度が人を含む感染宿主で増加し、それによって性格や行動パターンなどに影響があると予想されます。

また、脳の特定の領域におけるドーパミン濃度の増加は、統合失調症の発症及び進行に重要な役割を果たすと考えられています。そのため、統合失調症の治療に使用される薬の基礎機構はドーパミン受容体を阻害することです。

このように、寄生虫に感染すると人格や性格にまで影響があるという研究結果を見ると、自分の性格が一体何に帰属したものなのか不安になってきてしまいます。

おわりに

人間という一つの生物種

私は父の仕事の関係で全国を転々としていたのですが、全国のどの町に移住したとしても、そこには同じような人間の住む家がたくさんあり、人間の食料をまかなうための畑や田があり、海に行けば養殖場や漁船ばかりが目につき、すべての環境が人間のために存在しているような不自然さを感じたことがあります。

ペットとして人間の癒しになる動物や、警察犬や盲導犬など人間の役に立つ動物は重宝されますが、人間の役に立っていない野犬、野良猫、その他のイノシシなどの野生動物が街にいれば、通報され排除されています。野菜についている虫や家に入ってくる虫は「害虫」と呼ばれ、殺されます。そして、地球上のすべての土地や海、空さえも、境界線が決められ、国家や個人が所有しています。

最近では「エコ」な生活として、ゴミを減らし、電気や水道の無駄遣いをなくし、資源を大切にし、地球環境に優しく生活しようという動きもあります。しかし、それらの行動は「地球環境のため」というよりは、「人間が長期的に暮らせる環境を維持するため」という方が正確です。すべては人間のためです。

人間社会の中で役に立つ人間になるために、勉強をし、仕事をすることが教育においても推奨されています。推奨される生き方も、仕事の仕方も、環境の利用の仕方も、「世のため、人のため」、すべてにおいて人間のみの利益を追求していることに気づいたとき、私は言いようのない罪悪感に駆られたことを覚えています。それは思春期独特の純粋でひたむきな思考から生み出された感情でした。

私たち人間はすべてホモサピエンス（*Homo sapiens*）というたった一種の生物種です。分類学的にいうとサル目ヒト科に属します。ヒト科には私たち人間の他に、チンパンジー、オランウータン、ゴリラが含まれ、大型の霊長類と呼ばれます。

大繁殖することに成功した人類

世界の個体数を見ていくと、チンパンジーはアフリカ大陸のみに生息しており、世界全体で30万頭程度、ゴリラもアフリカ大陸にしか生息しておらず、世界全体で10万頭程度、インドネシアとマレーシアにしか棲まないオランウータンにいたっては世界で7万頭程度しか生息していません。

しかし、私たちホモサピエンスは地球のすべての大陸に生息し、2017年の時点では73億人まで増加させました。つまり、私たちは疑いようもなく現在地球上で最も繁栄している生物種といえます。

しかし、人類の歴史の約300万年の間、人口は安定し他の大型霊長類と同程度しか生息していなかったと考えられています。その後、人類は農耕を利用して安定した食料を調達できるようになり、西暦元年には3億人、その1000年後には3億1000万人になっていました。西暦1000年というと、日本では平安時代です。その頃には、世界全体で人類は3億1000万人、日本全体では600万人程度の人口でした。つまり、平安時代には日本全体で現在の東京都の人口の半分しか存在していなかったのです。

かつて、1000年間かかって世界全体で1000万人しか増加しなかった人口は、次の1000年ちょっと（西暦1000年～2017年現在まで）で70億人増加し、2017年現在の世界人口は73億人となっています。つまり、現在の人口増加はかつての1000年間での人口増加速度の700倍でおこなわれており、この瞬間にも1日で20万人もの人間が増え続けています。このような急激な人口増加によって弊害、貧困、資源不足などが指摘される一方で、日本では子どもを産んで増やすことが推奨されています。私の曽祖父母が生きた100年前の日本の人口は4000万人でした。現在は、1億2000万人に人口が増え、それでもなお、政府やマスコミは少子化の危機と不安を煽っています。日本の国家全体としての経済効果などを考慮すれば、いったん増えてしまった人口が減っていくとき、国の力が弱まることは理解できます。

しかし、日本の出生率が低い理由は、他の先進国と同じように人口転換が起こっているためと言えます。人口転換とは3段階からなる人口変動のパターンを示したものです。第1段階では戦争や貧困などで子どもが大人になる前に死んでしまう可能性が高いため、子孫を残すために出生率が高く、同時に死亡率も高い状況です。第1段階では、たくさん子どもを産みますが、死亡率も高いため人口は安定しています。しかし、出生率が高い状態で生活水準が向上すると子どもを失う可能性が低くなり、出生率は高いのに死亡率が低くなり、人口が爆発的に増加します。これが第2段階です。その後、安定した生活環境が続くと、必然的にたくさんの子どもを産む必要がなくなり、出生率が減少します。これに伴い、人口の増加が低速化する第3段階に移行します。個体数の増加が続けば資源が枯渇し、生息環境は劣悪になり、その集団そのものが絶滅してしまいます。このような現象は人間だけではなく、さまざまな生物で起こる密度の調節機能です。日本において、人口爆発前の100年前の人口に戻るには150年以上かかると予測されています。

現在、都市では増加した人間の住む場所を確保できず、自身の土地を持つこともできず、ハチの巣のような集合住宅にすし詰めのようになって生活し、人と人が折り重なった満員電車で毎朝出勤することを強いられます。その状況を見ていると、今の人口を維持することが最善の策ではなく、生物に備わっている個体数の調節機能を、ありのままに受け入れるべきだと感じています。

そんな偉そうな御託を並べた私自身も、目先の仕事や生活に追われ過ぎると、自分が地球上に存在する一種の生物であることを忘れ、生物としての自分をありのままに受け入れることができないときもあります。研究者の世界であれば論文数や、論文を掲載した雑誌のレベル、獲得した研究費などの物差しで、勝った、負けたと周囲の評価を気にしたり、自分には価値がないと思い込んだりすることがあります。そんなときは、自分も他の種の生物と同じただの「生きている物」なんだと目を閉じて想像すると、自分が世界に溶け込むような安心した気持ちになります。

本書で紹介したように、生物は私たち人間以外にも何百万種類も存在しており、それらの生物同士が複雑に相互作用しながら生きています。そして、地球上には未発見の生物種も多く存在しますし、それらの共生関係についても、そのほとんどが未知のままです。この先も、驚愕するような生物同士の関係が発見されていくかもしれません。そんな常に好奇心を刺激されるような研究の世界に身を置けていることに深く感謝しています。

最後に、経験の浅い私にとって単行本を一人で書く機会など滅多に出会えるものではなく、その機会を与えてくださり、忍耐強く原稿を待ってくださった幻冬舎の大島加奈子さんに心から感謝いたします。

2017年8月17日

成田聡子

参考文献

はじめに

Mora C, Tittensor DP, Adl S, Simpson AG, Worm B. (2011) How many species are there on Earth and in the ocean? PLoS Biology 9: e1001127.

1　自然界に存在するさまざまな共生・寄生関係

Côté IM (2000) Evolution and ecology of cleaning symbiosis in the sea. Oceanography and Marine Biology 38: 311-355.

Hooper-Bui LM (2008) Ant. World Book Encyclopedia.

Horsley SB (1993) Role of allelopathy in hay-scented fern interference with black cherry regeneration. Journal of Chemical Ecology 19: 2737-2755.

Mebs D (1994) Anemonefish symbiosis: vulnerability and resistance of fish to the toxin of the sea anemone. Toxicon 32: 1059-1068.

Nagy N, Abari E, D'Haese J, Calheiros C, Heukelbach J, Mencke N, Feldmeier H, Mehlhorn H (2007) Investigations on the life cycle and morphology of Tunga penetrans in Brazil. Parasitology Research 101: 233-242.

Parmentier E, Lecchini D,Vandewalle P (2004) Remodelling of the vertebral axis during metamorphic shrinkage in the pearlfish. Journal of Fish Biology 64: 159-169.

Poulin R (2010) Parasite manipulation of host behavior: an update and frequently asked questions. Advances in the Study of Behavior 41: 151-186.

Willis E, Oniki Y (1978) Birds and Army Ants. Annual Review of Ecology and Systematics 9: 243-263.

『ヤマケイポケットガイド16　海辺の生き物』小林安雅・2000年・山と渓谷社

『パラサイト・イヴ』瀬名秀明・1995年・角川書店

『利己的な遺伝子』リチャード・ドーキンス／日高敏隆・岸由二・羽田節子・垂水雄二訳・2006年・紀伊國屋書店

『延長された表現型――自然淘汰の単位としての遺伝子』R.ドーキンス／日高敏隆・遠藤彰・遠藤知二訳・1987年・紀伊國屋書店

2 ゴキブリを奴隷化する恐ろしいエメラルドゴキブリバチ

Haspel, G., Rosenberg, L. A. and Libersat, F (2003). Direct injection of venom by a predatory wasp into cockroach brain. Journal of Neurobiology 56: 287-292.

Hopkin M (2007) How to make a zombie cockroach. Nature News, 29 November.

Libersat, F (2003). Wasp uses venom cocktail to manipulate the behavior of its cockroach prey. Journal of Comparative Physiology A 189: 497-508.

Rosenberg LA, Glusman JG, Libersat F (2007) Octopamine partially restores walking in hypokinetic cockroaches stung by the parasitoid wasp Ampulex compressa. Journal of Experimental Biology 210: 4411-4417.

3 体を食い破られても護衛をするイモムシ

Adamo S, Linn C, Beckage N (1997) Correlation between changes in host behaviour and octopamine levels in the tobacco hornworm Manduca sexta parasitized by the gregarious braconid parasitoid wasp Cotesia congregata. Journal of Experimental Biology 200: 117-127.

Brodeur J, Vet LEM (1994) Usurpation of host behaviour by a parasitic wasp. Animal Behaviour 48: 187-192.

Grosman AH, Janssen A, de Brito EF, Cordeiro EG, Colares F, Fonseca JO, Lima ER, Pallini A, Sabelis MW (2008) Parasitoid increases survival of its pupae by inducing hosts to fight predators. PLoS One 3: e2276.

『ゾンビ伝説　ハイチのゾンビの謎に挑む』ウエイド・デイヴィス／樋口幸子訳・1998年・第三書館

4 テントウムシをゾンビボディーガードにする寄生バチ

Dheilly NM, Maure F, Ravallec M, Galinier R, Doyon J, Duval D, Leger L, Volkoff AN, Missé D, Nidelet S, Demolombe V, Brodeur J, Gourbal B, Thomas F, Mitta G (2015) Who is the puppet master? Replication of a parasitic wasp-associated virus correlates with host behaviour manipulation. Proceedings of the Royal Society B, 282: 20142773.

Maure F, Brodeur J, Ponlet N, Doyon J, Firlej A, Elguero É, Thomas F (2011) The cost of a bodyguard. Biology Letters 7: 843-846.

Triltsch H (1996) On the parasitisation of the ladybird Coccinella septempunctata. Journal of Applied Entomology 120: 375-378.

5 入水自殺するカマキリ

Biron DG, Marché L, Ponton F, Loxdale HD, Galéotti N, Renault L, Joly C, Thomas F (2005) Behavioural manipulation in a grasshopper harbouring hairworm: a proteomics approach. Proceedings of the Royal Society B: Biological Sciences 272: 2117-2126.

Biron DG, Ponton F, Marché L et al. (2006) 'Suicide' of crickets harbouring hairworms: a proteomics investigation. Insect Molecular Biology 15: 731-742.

Thomas F, Schmidt-Rhaesa A, Martin G, Manu C, Durand P, Renaud F (2002) Do hairworms (Nematomorpha) manipulate the water seeking behaviour of their terrestrial hosts? Journal of Evolutionary Biology 15: 356-361.

Sato T, Watanabe K, Kanaiwa M, Niizuma Y, Harada Y, Lafferty KD (2011) Nematomorph parasites drive energy flow through a riparian ecosystem. Ecology 92: 201-207.

6 アリを操りゾンビ行進をさせるキノコ

Andersen S, Hughes D (2012) Host specificity of parasite manipulation : Zombie ant death location in Thailand vs. Brazil. Communicative & Integrative Biology 5:163-165.

Evans HC, Elliot SL, Hughes DP (2011) Hidden Diversity Behind the zombie-ant fungus ophiocordyceps unilateralis: four new species described from carpenter ants in minas gerais, Brazil. PLoS ONE 6: E17024.

Hughes DP, Andersen SB, Hywel-Jones NL, Himaman W, Billen J, Boomsma JJ (2011) Behavioral mechanisms and morphological symptoms of zombie ants dying from fungal infection. BMC Ecology 11-13.

7　ウシさん、私を食べて！　と懇願するアリ

Schweiger F, Kuhn M (2008) Dicrocoelium dendriticum infection in a patient with Crohn's disease. Canadian journal of gastroenterology 22: 571-573.

Manga-González MY, González-Lanza C, Cabanas E, Campo R (2001) Contributions to and review of dicrocoeliosis, with special reference to the intermediate hosts of Dicrocoelium dendriticum. Parasitology 123: S91-114.

Carney WP (1969) behavioral and morphological changes in carpenter ants harboring dicrocoeliid metacercariae. The American Midland Naturalist 82: 605-611.

Manga-González, M Yolanda, Quiroz RH, González LC, Miñambres RB, Ochoa GP (2010) Strategic control of Dicrocoelium dendriticum (Digenea) egg excretion by naturally infected sheep. Veterinarni Medicina 55: 19-29.

8　あなたがいないと生きられないの！　蜜依存にさせるアカシアの木

Clement LW, Köppen SCW, Brand WA, Heil M (2008) Strategies of a parasite of the ant-Acacia mutualism. Behavioral Ecology and Sociobiology 62: 953-962.

Heil M, Rattke J, Boland W (2005) Postsecretory hydrolysis of nectar sucrose and specialization in ant/plant mutualism. Science 308:560-563.

9　カニの心と体を完全に乗っ取るフクロムシ

Glenner H, Hebsgaard MB (2006) Phylogeny and evolution of life history strategies of the parasitic barnacles (Crustacea, Cirripedia, Rhizocephala). Molecular Phylogenetics and Evolution 41: 528-538.

Walker G (2001) Introduction to the Rhizocephala (Crustacea: Cirripedia). Journal of Morphology 294: 1-8.

「性をあやつる寄生虫、フクロムシ」『フィールドの寄生虫学』高橋徹・2004年・東海大学出版会

10 寄生した魚に自殺的行動をさせる

Lafferty KD & Morris AK (1996) Altered behavior of parasitized killifish increases susceptibility to predation by bird final hosts. Ecology, 77: 1390-1397.

Shaw JC, Korzan WJ, Carpenter RE, Kuris AM, Lafferty KD, Summers CH, Ø Øverli (2009) Parasite manipulation of brain monoamines in California killifish (Fundulus parvipinnis) by the trematode Euhaplorchis californiensis. Proceedings of the Royal Sociery B 276: 1137-1146.

11 エビに群れを作るように操るサナダムシ

Rode NO, Lievens EJP, Flaven E, Segard A, Jabbour-Zahab R, Sanchez MI, Lenormand T (2013) Why join groups? Lessons from parasite-manipulated Artemia. Ecology Letters 16: 493-501.

12 脚が増えるカエル

Johnson PTJ, Lunde KB, Ritchie EG, Launer AE (1999) The effect of trematode infection on amphibian limb

development and survivorship. Science 284: 802-804.
Johnson PTJ, Lunde KB, Thurman EM, Ritchie EG, Wray SN, Sutherland DR, Kapfer JM, Frest TJ, Bowerman J, Blaustein AR (2002) Parasite (Ribeiroia ondatrae) infection linked to amphibian malformations in the western united states. Ecological Monographs 72: 151-168.

13 巣を乗っ取り、騙して奴隷としてこき使う寄生者たち

Liu ZB, Bagnères AG, Yamane S, Wang QC, Kojima JI (2003) Cuticular hydrocarbons in workers of the slave-making ant Polyergus samurai and its slave, Formica japonica (Hymenoptera: Formicidae). Entomological Science 6: 125-133.
Martin S, Takahashi J, Ono M, Drijfthout F (2008) Is the social parasite Vespa dybowskii using chemical transparency to get her eggs accepted? Journal of Insect Physiology 54:700-707.
Tsuneoka Y (2008) Host colony usurpation by the queen of the Japanese pirate ant, Polyergus samurai (hymenoptera: formicidae). Journal of Ethology 26: 243-247.

14 自分の子を赤の他人に育てさせるカッコウの騙しのテクニック

Feeney WE, Welbergen JA, Langmore NE (2014) Advances in the study of coevolution between avian brood parasites and their hosts. Annual Review of Ecology, Evolution, and Systematics 45: 227-246.
Lotem A, Nakamura H, Zahavi Amotz (1995) Constraints on egg discrimination and cuckoo-host co-evolution. Animal

Behaviour 49: 1185-1209.

Stevens M, Troscianko J, Spottiswoode CN (2013) Repeated targeting of the same hosts by a brood parasite compromises host egg rejection. Nature Communications 4: 2475.

『カッコウと宿主の相互進化』遺伝』中村浩志・1990年

『鯰〈ナマズ〉』佐藤哲・2009年

15 怒りと暴力性を生み出す寄生者

Fooks AR, Johnson N, Freuling CM, Wakeley PR, Banyard AC, McElhinney LM, Marston DA, Dastjerdi A, Wright E, Weiss RA, Müller T (2009) Emerging technologies for the detection of rabies virus: challenges and hopes in the 21st century. PLoS Neglected Tropical Diseases 3: e530.

Hinson ER, Shone SM, Zink MC, Glass GE, Klein SL (2004) Wounding: the primary mode of Seoul virus transmission among male Norway rats. American Journal of Tropical Medicine And Hygiene 70: 310-317.

Hughes DP, Kathirithamby J, Turillazzi S, Beani L (2004) Social wasps desert the colony and aggregate outside if parasitized: parasite manipulation? Behavioral Ecology 15: 1037-1043.

Kavaliers M, Colwell DD (1993) Aversive responses of female mice to the odors of parasitized males: neuromodulatory mechanisms and implications for mate choice. Ethology 95: 202-212.

Klein SL, Zink MC, Glass GE (2004) Seoul virus infection increases aggressive behaviour in male Norway rats. Animal Behaviour 67: 421-429.

Moore J (2002) Parasites and the behavior of amimals. Oxford University Press, Oxford.

Poulin R (1992) Altered behaviour in parasitized bumblebees: parasite manipulation or adaptive suicide? Animal Behaviour 44:174-176.

Poulin R (1995) “Adaptive” change in the behaviour of parasitized animals: A critical review. International Journal for Parasitology 25:1371-1383.

Pawan JL (1959) The transmission of paralytic rabies in Trinidad by the vampire bat (Desmodus rotundus murinus Wagner). Caribbean Medical Journal 21: 110-136.

『狂犬病に関するQ&A』厚生労働省・2006年

16　操られ病原体を広めていく虫たち

Bando H, Okado K, Guelbeogo WM, Badolo A, Aonuma H, Nelson B, Fukumoto S, Xuan X, Sagnon N, Kanuka H (2013) Intra-specific diversity of Serratia marcescens in Anopheles mosquito midgut defines Plasmodium transmission capacity. Scientific Reports 3: 1641.

Barrett MP, Croft SL (2012) Management of trypanosomiasis and leishmaniasis. British medical bulletin 104: 175-196.

Hurd H (2003) Manipulation of medically important insect vectors by their parasites. Annual Review of Entomology 48:141-161.

Koella JC (2005) Malaria as a manipulator. Behavioural Processes 68: 271-273.

Myler P, Fasel N (2008) Leishmania: After The Genome. Caister Academic Press.
Poulin R (2000) Manipulation of host behaviour by parasites: a weakening paradigm? Proceedings of the Royal Society of London B 267: 787-792.
Rogers ME, Bates PA (2007) Leishmania manipulation of sand fly feeding behavior results in enhanced transmission. PLoS Pathogens 3: e91.
Rogers ME (2012) The role of Leishmania proteophosphoglycans in sand fly transmission and infection of the mammalian host. Frontiers in Microbiology 3: 223.
Thomas F, Adamo S, Moore J (2005) Parasitic manipulation: where are we and where should we go? Behavioural Processes 68: 185-199.

17 幼虫をドロドロに溶かすウイルスの戦略

D'Amico V, Elkinton J S (1995) Rainfall Effects on Transmission of Gypsy Moth (Lepidoptera: Lymantriidae) Nuclear Polyhedrosis Virus. Environmental Entomology 24: 1144-1149.
Hoover K, Grove M, Gardner M, Hughes DP, McNeil J, Slavicek J (2011) A gene for an extended phenotype. Science 333: 1401.
Katsuma S, Koyano Y, Kang W, Kokusho R, Kamita SG, Shimada T (2012) The baculovirus uses a captured host phosphatase to induce enhanced locomotory activity in host caterpillars. PLoS Pathogens 8: e1002644.
Kamita SG, Nagasaka K, Chua JW, Shimada T, Mita K, Kobayashi M, Maeda S, Hammock BD (2005) A baculovirus-

encoded protein tyrosine phosphatase gene induces enhanced locomotory activity in a lepidopteran host. Proceedings of the National Academy of Sciences of the United States of America 102: 2584-2589.

18 私たちの腸内の寄生者たち

Collins SM, Kassam Z, Bercik P (2013) The adoptive transfer of behavioral phenotype via the intestinal microbiota: experimental evidence and clinical implications. Current opinion in microbiology 16: 240-245.

Heijtz RD, Wang S, Anuar F, Qian Y, Björkholm B, Samuelsson A, Hibberd ML, Forssberg H, Pettersson S (2011) Normal gut microbiota modulates brain development and behavior. Proceedings of the National Academy of Sciences of the United States of America 108: 3047-3052.

Hsiao EY, McBride SW, Hsien S, Sharon G, Hyde ER, McCue T, Codelli JA, Chow J, Reisman SE, Petrosino JF, Patterson PH, Mazmanian, SK (2013) Microbiota modulate behavioral and physiological abnormalities associated with neurodevelopmental disorders. Cell 155: 1451-1463.

Neufeld KM, Kang N, Bienenstock J, Foster JA (2011) Reduced anxiety-like behavior and central neurochemical change in germ-free mice. Neurogastroenterology and Motility 23: 255-264.

Nishino R, Mikami K, Takahashi H, Tomonaga S, Furuse M, Hiramoto T, Aiba Y, Koga Y, Sudo N (2013) Commensal microbiota modulate murine behaviors in a strictly contamination-free environment confirmed by culture-based methods. Neurogastroenterology and Motility 25: 521-528.

Sudo N, Chida Y, Aiba Y, Sonoda J, Oyama N, Yu XN, Kubo C, Koga Y (2004) Postnatal microbial colonization programs the hypothalamic-pituitary-adrenal system for stress response in mice. The Journal of Physiology 558: 263-275.

Tabuchi K, Blundell J, Etherton MR, Hammer RE, Liu X, Powell CM, Südhof TC (2007) A neuroligin-3 mutation implicated in autism increases inhibitory synaptic transmission in mice. Science 318: 71-76.

Tillisch K, Labus J, Kilpatrick L, Jiang Z, Stains J, Ebrat B, Guyonnet D, Legrain-Raspaud S, Trotin B, Naliboff B, Mayer EA (2013) Consumption of fermented milk product with probiotic modulates brain activity. Gastroenterology 144: 1394-1401.

Kang DW, Park JG, Ilhan ZE, Wallstrom G, LaBaer J, Adams JB, Brown RK (2013) Reduced incidence of prevotella and other fermenters in intestinal microflora of autistic children. PLoS ONE 8: e68322.

Young E (2012) Gut instincts: the secrets of your second brain. New Scientist 216: 38-42.

19 私たちの脳を乗っ取る寄生虫

Berdoy M, Webster JP, MacDonald DW (2000) Fatal attraction in rats infected with Toxoplasma gondii. Proceedings of the Royal Society B-Biological Sciences 267: 1591-1594.

Flegr J, Klose J, Novotná M, Berenreitterová M, Havlicek J (2009) Increased incidence of traffic accidents in Toxoplasma-infected military drivers and protective effect RhD molecule revealed by a large-scale prospective cohort study. BMC Infectious Diseases 9:72.

Fuks JM, Arrighi RB, Weidner JM, Kumar Mendu S, Jin Z, Wallin RP, Rethi B, Birnir B, Barragan A (2012) GABAergic signaling is linked to a hypermigratory phenotype in dendritic cells infected by Toxoplasma gondii. PLoS Pathogens 8: e1003051.

Havlícek J, Gasová Z, Smith AP, Zvára K, Flegr J (2001) Decrease of psychomotor performance in subjects with latent 'asymptomatic' toxoplasmosis. Parasitology 122: 515-520.

Yereli K, Balcioglu IC, Ozbilgin A (2006) Is Toxoplasma gondii a potential risk for traffic accidents in Turkey? Forensic Science International 163: 34-37.

本文写真

著者略歴

成田聡子
なりたさとこ

一九七八年宮城県生まれ。
二〇〇七年千葉大学大学院自然科学研究科博士課程修了。理学博士。
独立行政法人日本学術振興会特別研究員として
農業生物資源研究所を経て、
国立研究開発法人医薬基盤・健康・栄養研究所霊長類医科学研究センターにて
感染症、主に結核ワクチンの研究に従事。
現在、株式会社日本バイオセラピー研究所で
免疫細胞療法を中心としたがん治療、再生医療を研究する。
著書に『共生細菌の世界——したたかで巧みな宿主操作』
（東海大学出版会）がある。

幻冬舎新書 469

したたかな寄生

脳と体を乗っ取り巧みに操る生物たち

二〇一七年九月三十日　第一刷発行

著者　成田聡子
発行人　見城　徹
編集人　志儀保博

発行所　株式会社　幻冬舎
〒一五一-〇〇五一　東京都渋谷区千駄ヶ谷四-九-七
電話　〇三-五四一一-六二一一(編集)
〇三-五四一一-六二二二(営業)
振替　〇〇一二〇-八-七六七六四三

ブックデザイン　鈴木成一デザイン室
印刷・製本所　株式会社　光邦

GENTOSHA

Printed in Japan　ISBN978-4-344-98470-7 C0295
な-24-1
幻冬舎ホームページアドレス http://www.gentosha.co.jp/
*この本に関するご意見・ご感想をメールでお寄せいただく場合は、comment@gentosha.co.jp まで。